Petra Neumayer/Roswitha Stark

Medizin zum Aufmalen für Tiere

Geliebte Tiere ganzheitlich heilen – ungeliebte Tierchen sanft umsiedeln

Haben Sie Fragen an den Verlag?
Anregungen zum Buch?
Erfahrungen, die Sie mit anderen teilen möchten?

Besuchen Sie unsere sozialen Netzwerke:
www.mankau-verlag.de/forum

mankau

Bibliografische Information der Deutschen Nationalbibliothek
Die Deutsche Nationalbibliothek verzeichnet diese Publikation in der Deutschen Nationalbibliografie; detaillierte bibliografische Daten sind im Internet über http://dnb.d-nb.de abrufbar.

Petra Neumayer/Roswitha Stark
Medizin zum Aufmalen für Tiere
Geliebte Tiere ganzheitlich heilen – ungeliebte Tierchen sanft umsiedeln
ISBN 978-3-86374-409-0
3. Auflage 2025 (1 2 · 2017 2022)

Mankau Verlag GmbH
Pfarrgasse 1, D-82497 Unterammergau
kontakt@mankau-verlag.de
Im Netz: www.mankau-verlag.de
Soziale Netzwerke: www.mankau-verlag.de/forum

Endkorrektorat: Susanne Langer M. A., Germering
Gestaltung: Mankau Verlag GmbH

Illustrationen/Bilder Titelseite (von oben): Roswitha Stark; shutterstock.com; spacejunkie/photocase.com; Colourbox.de

Illustrationen/Bilder Innenteil:
Can Stock Photo / deandrobot (8); Can Stock Photo / TNCPhotography (12); Can Stock Photo / kertis (18/19); Petra Neumayer (24, 27, 29, 50, 53, 86, 110, 137, 139, 143, 147, 149, 163u); Can Stock Photo / gorielov (38/39); Alvina M. Kreipl (45, 112, 123; 171, 172/173, 179); spacejunkie/photocase.com (33); Raphael Mankau (47, 126); Verena Huber-Goll (51); Roswitha Stark (56, 64, 74, 135, 141, 169u, 192, 193, 194, 195, 196, 197, 198); Heike Brückner (65, 69, 99, 108, 175); Christina Baumann (83, 112, 176, 179); Can Stock Photo / chalabala (113); Can Stock Photo / stokkete (116/117); Willi Haas (124); Can Stock Photo / Melory (132/133); Can Stock Photo / Irochka (146); Can Stock Photo / belizar (152/153); Can Stock Photo / Kyslynskyy (159); Werner Neuner (163o); Can Stock Photo / ksuksa (166/167); Thomas Ulrich (169o)

Druck: Druckerei C. H. Beck, Nördlingen

MIX
Papier | Fördert gute Waldnutzung
FSC® C019821

Wichtiger Hinweis des Verlags:
Die Autorinnen haben bei der Erstellung dieses Buches Informationen und Ratschläge mit Sorgfalt recherchiert und geprüft, dennoch erfolgen alle Angaben ohne Gewähr; Verlag und Autorinnen können keinerlei Haftung für etwaige Schäden oder Nachteile übernehmen, die sich aus der praktischen Umsetzung der in diesem Buch dargestellten Inhalte ergeben. Bitte respektieren Sie die Grenzen der Selbstbehandlung und suchen Sie bei Erkrankungen einen erfahrenen Arzt oder Heilpraktiker auf.

Ich möchte dieses Buch meiner geliebten Schäferhündin Justy widmen. Auch wenn ihre Seele längst im Tierhimmel weilt, denke ich oft zurück an die 13 Jahre, in denen sie mein Leben begleitet und in jeder Sekunde durch ihre treue Freundschaft bereichert hat. Es war auch ganz wunderbar, wie sie meinen neugeborenen Sohn mit offenem Herzen in ihr Körbchen aufgenommen und fortan wie ihr eigenes Junges bewacht und behütet hat. Liebe Justy, ich danke dir, dass du unser Leben so bereichert hast!

Petra Neumayer

Ich widme dieses Buch allen kleinen und großen Tieren, die uns durch unser Leben begleiten und unser Dasein fruchtbarer machen. Ich danke den Regenwürmern unter der Erde, dass sie unser Land für das Säen vorbereiten, den Bienen und Insekten, dass sie den Nektar der Fruchtbarkeit verteilen, unseren Haustieren, dass sie uns lieben und unsere Liebe annehmen, den Nutztieren, dass sie uns lehren, was Gnade und Ehrfurcht ist. Ich verbinde mich mit euch allen und bin bereit, von euch zu lernen, damit mein Leben reicher wird.

Roswitha Stark

Inhalt

Teil IV:
Die feinstofflich-geistige Ebene der Tiere 133

Teil V:
Ungebetene Gäste sanft umsiedeln 153

Anhang 167

Vorwort

Den dritten Band von „Medizin zum Aufmalen“ widmen wir dem gesamten Tierreich. Er ist eine Würdigung der gesamten Tierwelt, die uns Menschen so viel Gutes zu geben hat. Ob Haustiere, Nutztiere, Tiere des Waldes, der Meere, Vögel, Kriechtiere oder Insekten – was wäre die Welt ohne sie! Auch wenn sie uns manchmal nerven – etwa wenn sie als Schnecken in unserem Garten dem frisch gesetzten Salat den Garaus gemacht haben oder der Mückenstich unerträglich juckt – die Erde wäre öde und verlassen ohne die Artenvielfalt der Tierwelt! Wissenschaftlich bekannt und beschrieben sind derzeit über 1,5 Millionen Tierarten, und es kommen immer wieder neue hinzu. Leider sind aber auch viele Tierarten durch die Zerstörung ihrer Lebensräume vom Aussterben bedroht.

„Die Größe und den moralischen Fortschritt einer Nation kann man daran messen, wie sie ihre Tiere behandelt.“ **Mahatma Gandhi**

Millionen Menschen leben mit Haustieren, Hunden, Katzen, Vögeln, Pferden, Hamstern, Meerschweinchen, Fischen, ja sogar mit Schlangen oder Spinnen aufs Engste zusammen. Wir lieben unsere tierischen Mitbewohner – und natürlich wollen wir nur das Beste für sie. Wir gehen regelmäßig zum Tierarzt, geben ihnen das „beste“ Futter und ausreichend Streicheleinheiten. Dennoch werden unsere Tiere ab und zu krank, und in zunehmendem Maße auch chronisch krank; sie haben Zahnfleischentzündungen, rheumatische Gelenkbeschwerden, degenerative Erkrankungen, schwer auszuheilende innere Erkrankungen oder Verhaltensstörungen. Sie werden mit Antibiotika und Medikamenten behandelt, genau wie wir

Menschen. Oft gibt es auf diesem Wege aber keine Besserung. Viele Tierhalter beschäftigen sich daher mit alternativen Möglichkeiten der Heilung.

Dass die ganzheitliche Medizin gut funktioniert, können Skeptiker gerade an Tieren gut beobachten. Denn der viel diskutierte Satz „Man muss halt nur dran glauben" trifft bei Tieren sicher nicht zu. Landwirte, die beobachtet haben, wie sich ihre Kuh nach der Gabe einiger winziger Globuli schnell wieder von einer Krankheit erholte, wissen, wovon wir sprechen.

Neben der klassischen Homöopathie und Bachblüten & Co. gibt es noch weitere wirkungsvolle und einfache Möglichkeiten der ganzheitlichen Tiermedizin. Egal, ob Sie interessierter Laie oder Tiertherapeut sind – mit der Methode der „Neuen Homöopathie" kann jeder arbeiten. Die Namensgebung dieser Heilweise stammt vom Wiener Forscher Erich Körbler, der die Wirkungen von Zeichen und Symbolen auf den lebenden Organismus viele Jahre lang erforschte und erfolgreich in der Praxis anwandte.

In den ersten beiden Bänden unserer Ratgeber-Reihe „Medizin zum Aufmalen" haben wir die Methode Erich Körblers ausführlich beschrieben – ebenso andere Symbolsysteme, die heilbringend für den Menschen eingesetzt werden können. Im vorliegenden Buch möchten wir Ihnen zeigen, wie diese Informationsmedizin auch auf Tiere anwendbar ist. Tiere sind lebende Organismen, für die die gleichen Prinzipien gelten wie für uns Menschen. Und nicht selten möchten uns geliebte Haustiere unsere eigenen unerlösten Themen abnehmen – auch daran können sie erkranken. Die Praxis zeigt: Nicht selten muss deshalb sowohl das Tier als auch parallel dazu der Tierhalter behandelt werden.

Die Neue Homöopathie besteht nicht aus einer Behandlung mit Globuli wie die klassische Homöopathie, sondern beruht auf einer energetischen Zustandstestung des Schwingungsfeldes des Tieres. Jedes Symptom, jede Beschwerde kann als Blockade, als „Widerstand" im Energiefeld interpretiert werden. Entsprechend muss der Heilimpuls darauf hinwirken, diese Blockade zu harmonisieren.

Dieser Heilimpuls wird in der Neuen Homöopathie durch Striche, Zeichen oder Symbole gegeben, die vielfältig angewandt werden können, zum Beispiel indem sie auf die schmerzende Stelle gemalt werden. Oder das Thema wird auf einen Zettel geschrieben, mit Heilzeichen versehen und dann unter den Fressnapf gelegt, damit das Tier die Information aufnehmen kann. Seien Sie einfach neugierig, was passiert!

Mit dieser Methode können Sie *alle* Tiere beeinflussen: So lassen sich auch kleine ungeliebte Tierchen wie Schnecken oder Läuse sanft umsiedeln. Sie können dafür sorgen, dass sich Zecken im Fell Ihres Tieres nicht mehr wohlfühlen oder Schnaken aus dem Zimmer verschwinden. Es ist sogar möglich, Tierhaarallergien zu beseitigen, ohne das geliebte Haustier hergeben zu müssen.

Oder finden Sie durch eine simple Testung das bestmögliche Futter für Ihren Liebling heraus. Sie sehen schon, die Neue Homöopathie birgt unendlich viele Möglichkeiten, den Umgang mit Tieren zu erleichtern, die Beziehungen zwischen Mensch und Tier oder auch zwischen Tieren untereinander zu verbessern, und natürlich, Tiere zu heilen.

Wir hoffen, dass Sie in diesem Buch wertvolle Anregungen und Hilfen finden, um kleinere oder größere Probleme zu lösen oder Krankheiten bei Ihren geliebten Tieren auf den Heilungsweg zu bringen.

Roswitha Stark und Petra Neumayer
im September 2017

Einleitung

Der Buch- und Kinoerfolg „Der Pferdeflüsterer“, dessen Story zum Teil auf der Arbeit des Kaliforniers Monty Roberts basiert – dem Erfinder einer gewaltfreien Methode, um Pferd an Zaumzeug und Reiter zu gewöhnen –, hat viele Menschen berührt und für die Belange ihrer Tiere sensibilisiert. Der Umgang mit ihnen, so Monty Roberts, ist ja ganz einfach – wenn man die gleiche Sprache spricht ...

„Man kann in die Tiere nichts hineinprügeln, aber man kann manches aus ihnen herausstreicheln.“
Astrid Lindgren

Heutzutage fungieren kleine Schmusekatzen als Co-Therapeuten, Hunde suchen nach verschütteten Erdbebenopfern oder kümmern sich um einsame und kranke Heiminsassen. Mehr und mehr wird erkannt und auch wissenschaftlich untersucht, welch positiven Effekt Haustiere auf unsere Gesundheit haben.

Und auch andersherum geriet etwas in Bewegung: Die Naturheilkunde wurde im Hinblick auf die Anwendung bei Tieren weiterentwickelt – in den letzten Jahren öffneten viele Tierheilpraktiker und Tierpsychologen ihre Praxispforten für Vierbeiner.

In der Neuen Homöopathie ist es vor allem die richtige Schwingung, auf die die Therapeuten ihr Augenmerk lenken, denn wenn alles in Harmonie schwingt, erfreuen sich Tier und Mensch bester Gesundheit.

Inzwischen gibt es sehr viel seriöse und wissenschaftlich fundierte Literatur auf dem Markt – vor allem aus dem Bereich der Quantenphysik –, die belegt, dass Menschen, Tiere, ja auch Pflanzen, Wasser und sogar Steine lebendige „schwingende“

Organismen sind, keine „starre Materie“. Einschlägige Autoren sind zum Beispiel Rupert Sheldrake mit seinen Forschungen über das morphogenetische Feld, die aufzeigen, dass alles, was schwingt, miteinander vernetzt ist und in Kommunikation steht, oder Dr. Fritz Albert Popp, der in seinem Forschungsinstitut in Neuss bereits vor vielen Jahren die Kommunikation lebender Zellen mithilfe von Licht bewiesen hat.

Alle Materie, alle Organe, alle Zellen, alle kleinsten Teilchen, ja sogar Gedanken und Gefühle erzeugen ein „Schwingungsfeld“, das durch die permanente Rotation von Elektronen um Atomkerne oder – noch „kleiner“ gedacht – durch die Bewegung sogenannter „subatomarer“ Teilchen oder Lichtquanten verursacht wird. Es gibt nichts dem Menschen Bekanntes, das nicht dieser permanenten Bewegung unterworfen wäre. Dass wir einen Tisch oder einen Körper als „fest“ wahrnehmen, ist lediglich das Ergebnis unserer beschränkten Sinnesfähigkeiten. Menschen, die die Aura sehen können, verfügen über erweiterte Sinne (die aber grundsätzlich jeder Mensch als Potenzial hat) und nehmen damit bewusst das Schwingungsfeld eines Tieres, eines Menschen oder einer Pflanze wahr.

Dieses – für die meisten bislang unsichtbare – Schwingungsfeld hat eine bestimmte Frequenz, die sich mit einfachen Hilfsmitteln, wie zum Beispiel mit der in diesem Buch beschriebenen Einhandrute, mit einem Pendel oder dem kinesiologischen Muskeltest messen lässt. Damit kann man feststellen, wie sehr ein Organ, eine Beschwerde, ein Symptom oder eine Verhaltensauffälligkeit tatsächlich belastet beziehungsweise wie unharmonisch eine Frequenz oder Schwingung für das Tier geworden ist. Seltsamerweise sind wir es durchaus gewohnt, dass bei Herzbeschwerden ein EKG gemacht wird, bei dem wir die Wellen der Herzfrequenz als selbstverständliches Bild annehmen. Oder denken Sie an das

EEG, das die Gehirnwellen bildlich darstellt. Dass auch die Leber oder der Dünndarm ein solches Schwingungsfeld haben oder gar Gedanken und Gefühle ein „unnormales" Schwingungsbild zeigen können, was letztendlich zu dem führt, was wir „Krankheit" nennen, das ist für unsere Denkweise schon ungewohnter – aber deshalb nicht weniger wahr!

Information gestaltet das Leben

Aus der modernen Quantenphysik weiß man, dass es die Information ist, die das Leben steuert und es somit auch gestaltet und in die Materie bringt. Unter dem Mikroskop ist beispielsweise die DNS, also die Erbinformation, in den Zellen der befruchteten Eizelle immer die gleiche. Doch woher wissen die einzelnen Zellen nun, dass sie sich zur Gehirnzelle oder zu einer Zelle in einem Organverbund wie etwa der Leber ausbilden sollen? Quantenphysiker führen hier das Erklärungsmodell des sogenannten „Vakuumfeldes" an. Damit beschreiben sie den Raum zwischen Atomkern und Atomhülle, ein Schwingungsfeld, in dem der Energie- und Informationsaustausch der einzelnen Zellen ermöglicht wird. Ist dieser Informationsaustausch gestört, führt das auch in biologischen Systemen und Funktionsabläufen zu Störungen: Eine Krankheit kann sich manifestieren.

In diesem Schwingungsfeld finden wir also auch die Ursachen von Krankheitssymptomen. Der Arzt Dr. Gunter Petry schreibt in seinem Buch „Informationsmedizin – Neue Heilungschancen für akut und chronisch Kranke": „Würde man den Atomkern und die Elektronen der Atomhülle ohne Vakuum zusammenpacken, würde der Mensch auf eine Größe von etwa 2 Mikrometern zusammenschrumpfen. Mit anderen Worten, der menschliche Organismus besteht zu 99,999 Prozent aus einem Vakuumfeld." Dieses Beispiel macht deutlich, von welcher Dimension hier überhaupt die Rede ist! Und genau dieses Schwingungsfeld ist auch die Ebene, auf der die Informationsmedizin mit ihren heilenden Impulsen einwirkt.

Gerade bei Tieren – die uns ja nicht sagen können, wo es ihnen wehtut – sind die Möglichkeiten der sensitiven Testungen in diesem Schwingungsfeld besonders hilfreich. Wir können erforschen, ob das Tier einen falschen Schlafplatz hat, schlechtes Futter frisst, Medikamente oder Impfungen nicht verträgt, wo es Schmerzen oder Stress mit seinem Menschen oder mit anderen tierischen Hausgenossen hat. Alles andere ist ein Herumdoktern an äußerlichen Symptomen, was eine Zeit lang helfen kann, aber der Ursache meist nicht auf die Spur kommt.

Die Erfahrungen mit Tieren haben gezeigt, dass der Zugang zum ursächlichen Thema über das Energiefeld des Tieres (und oft auch über das des Tierhalters) häufig sehr schnell zum Erfolg führen kann. Dies geschieht, ohne das Tier dabei übermäßig mit chemischen Mitteln oder gar unnötigen Operationen zu traktieren und damit zusätzlich zum schon vorhandenen Stress noch weiter zu belasten.

> *„Ganze Weltalter von Liebe werden notwendig sein, um den Tieren ihre Dienste und Verdienste an uns zu vergelten."* **Christian Morgenstern**

„Medizin zum Aufmalen" für Tiere ist eine Test- und Heilmethode, die auf verschiedenen Ebenen – körperlich, seelisch und geistig – sehr viel bewirken kann und das Verständnis des Menschen für sein Tier fördert. Sie ist relativ einfach zu erlernen und anzuwenden. Bitte respektieren Sie dennoch die Grenzen der Selbstbehandlung und suchen Sie im Zweifelsfall die Hilfe von erfahrenen Tierärzten und Therapeuten.

TEIL I: Grundlagen

Neue Homöopathie – Heilen mit Strichcodes und Symbolen

„Universell einsetzbar, leicht zu erlernen und kostet fast nichts“ - so könnte man in einem Satz das sensitive Heilsystem der Neuen Homöopathie umschreiben. Mit dieser simplen Methode kann mit ein wenig Übung und Verantwortungsbewusstsein jeder Mensch selbst austesten, was die Lebensenergie seines Tieres fördert, schwächt oder gar krank machend auf seinen Organismus einwirkt. Denn jeder Mangel, aber auch ein einseitiges Zuviel an bestimmten „Heilimpulsen“ kann das energetische Gleichgewicht empfindlich stören. Diese Grundaussage, die bereits seit vielen Tausenden von Jahren in der Traditionellen Chinesischen Medizin gilt und auch die Basis der Akupunkturlehre ist, trifft auf jeden lebendigen Organismus zu, auf Mensch und Tier.

Die Neue Homöopathie ist ein unkompliziertes Behandlungskonzept, das ganz ohne Pharmaka mit ihren oftmals belastenden Nebenwirkungen auskommt.

Der Ruf nach einer sanften Medizin ohne Nebenwirkungen kommt nicht allein aus der Humanmedizin. Viele Tierhalter wünschen sich auch für ihre Tiere eine sanfte Medizin. Diesem Wunsch kommen mittlerweile viele Tierärzte und Tierheilpraktiker nach: Homöopathische Globuli und Bachblüten sind keine Seltenheit mehr in der Therapie von Tieren – gleichgültig ob beim Fisch oder bei der Kuh –, und daher verwundert es nicht, dass längst auch die Neue Homöopathie Einzug ins Reich der Tiere gehalten hat.

Ein weiterer großer Vorteil dieses sensitiven Heilverfahrens ist, dass die Kommunikation zwischen Tier und Tierhalter verbessert wird, denn das Tier kann schließlich nicht „aussprechen“, woran es erkrankt ist oder was ihm wehtut.

Durch die Neue Homöopathie sind wir in der Lage, mittels einfacher Austestung herauszufinden, was dem Tier fehlt und was die mögliche Ursache für die Erkrankung sein könnte. Die Informationsmedizin beinhaltet also zugleich die Möglichkeiten der Diagnose sowie der Therapie und wirkt ganzheitlich, indem sie Körper, Geist und Seele gleichermaßen miteinbezieht.

Häufig muss auch der Tierhalter oder eine Bezugsperson mitbehandelt werden, auch das ist mit der Neuen Homöopathie natürlich möglich. Denn wie der ganzheitliche Berater Rudolf Fridum, der sich auf die Behandlung mit Tieren spezialisiert hat, einmal treffend sagte: „An jedem Tier hängt ein ganzer Mensch!"

„Liebe die Tiere, liebe jegliches Gewächs und jegliche Dinge! Wenn du alles liebst, so wird sich dir das Geheimnis Gottes in allen Dingen offenbaren, und du wirst schließlich alle Welt mit Liebe umfassen!"
Fjodor Dostojewski

Vital durch die richtige Balance

Mit der Neuen Homöopathie lassen sich Unverträglichkeiten auf einfache Art und Weise austesten – zum Beispiel von Futter, Allergenen, aber auch von elektromagnetischen Strahlen oder geopathischen Störzonen. Durch die Verwendung von energetisch wirksamen Zeichen und Symbolen kann dann die individuelle Verträglichkeit gesteigert werden. Das ist besonders wichtig, wenn das Tier äußeren Umständen nicht entrinnen kann – etwa wenn eine Kuh immer weniger Milch gibt und der Kuhstall auf einer geopathischen Störzone steht, aber nicht umgebaut werden kann.

Doch die Zeichen und Symbole können noch viel mehr. In der therapeutischen Anwendung werden sie – analog der Nadelung bei der Akupunktur – auf verschiedene Meridianpunkte direkt auf den Körper des Tieres gemalt, um den Energiefluss der jeweiligen energetischen Leitbahnen wieder zu harmonisieren, man spricht dann von der „Strichakupunktur". Und diese funktioniert bei Mensch und Tier gleichermaßen: Sie aktiviert die Selbstheilungskräfte und bringt die Energien wieder in die richtige Balance.

Die Neue Homöopathie verwendet Zeichen und Symbole auch, um Schmerzen zu lindern und um individuell informiertes Heilwasser herzustellen – bei größeren Tieren wie Pferden werden beispielsweise Äpfel informiert und sozusagen als biologische „Riesenglobuli" verabreicht.

„Als Gott das Pferd erschaffen hat, sprach er zu dem herrlichen Geschöpf: Dich habe ich gemacht ohnegleichen. Alle Schätze der Erde liegen zwischen deinen Augen." **Aus dem Koran**

Dass hier keine Zauberei im Spiel ist, bewies der Begründer der Methode, Erich Körbler (1936–1994). Der Wiener Elektrotechniker ist vielfacher Preisträger international anerkannter wissenschaftlicher Auszeichnungen und erforschte in jahrelanger Detailarbeit akribisch die biophysikalische Wirksamkeit von Strichen und Zeichen – denn: Alles schwingt und steht miteinander in Kommunikation.

Erich Körbler befasste sich mit Naturheilkunde, Traditioneller Chinesischer Medizin, Radiästhesie, Quantenphysik sowie Homöopathie und vernetzte all diese Systeme unter dem Begriff „Neue Homöopathie". Zunächst wollte Körbler nur seiner Tochter helfen; sie litt an einer Krankheit, die durch die Schulmedizin nicht geheilt werden konnte. Beruflich befasste er sich zwar auch mit Antennen, aber es bedurfte noch einiger Experimente, bis er etwas Ähnliches wie Antennen auf die Haut seiner Patienten malte – einfache Strichcodes, die er aus seinem Fachbereich Elektrotechnik kannte: eine Sinuskurve, ein Kreuz und ein Ypsilon. Denn, wie Körbler herausfand, jeder Strich beeinflusst den Organismus wie eine Antenne und kann dadurch den energetischen Zustand verändern. Ähnlich wie die Homöopathie stellt diese Methode die entscheidenden Informationen und Impulse für die Selbstheilung bereit.

Die richtige Schwingung macht's

Wie Sie bereits in der Einleitung erfahren haben, geht die moderne Quantenphysik davon aus, dass die gestaltgebenden Kräfte in einer Art Schwingungsfeld walten und miteinander in ständigem Austausch stehen. Ob Steine, Farben, Mikroorganismen, Arzneien, Menschen, Tiere oder geometrische Zeichen und Formen – alles, was existiert, schwingt, sendet und empfängt Informationen und steht miteinander in Kommunikation. Und so wie sich all unsere Körperzellen im Mikrokosmos in einem beständigen Austausch befinden, so stehen auch die biologischen Systeme Mensch und Tier in Kommunikation mit ihrer Umwelt.

Auch geometrische Zeichen und Symbole besitzen eine eigene Schwingung. Werden sie zum Beispiel auf die Haut gemalt, kann das – je nach Platzierung und Art der Zeichen – auf das energetische Schwingungsfeld einwirken – die Basis von Informationsmedizin, von „Medizin zum Aufmalen". Übrigens: Bei Ihren geliebten Tieren müssen Sie dafür nicht unbedingt gleich das Fell abrasieren. Wie Sie im Praxisteil dieses Buches erfahren werden, gibt es verschiedene Möglich-

Autorin Petra Neumayer auf Pferd Valesco. Auch hier macht's die richtige Schwingung: Liegen Mensch und Pferd auf gleicher Wellenlänge, profitieren beide von dieser Beziehung.

keiten bei Tieren, um mit den heilenden Zeichen zu arbeiten! Die Verwendung von geometrischen Zeichen und Symbolen zur Veränderung von energetischen Schwingungen ist aber keine Erfindung der Neuzeit. Symbole spielten in allen Kulturen eine große Rolle, denn sie sind Träger von energetischen Botschaften in komprimierter Form. Symbole ziehen sich durch die Geschichte des gesamten menschlichen Daseins. Zeichen aus Höhlenmalereien der Steinzeit faszinieren heute genauso wie die digitalen Codierungen unseres Informationszeitalters.

Vermutlich war der Homo sapiens der erste Mensch, der vor rund 40.000 Jahren mit einem Stück Kohle etwas auf eine Felswand kritzelte. Heutzutage sind Bilder und Symbole allgegenwärtig. Befassen sich die Symbole mit der Sinnsuche des Menschen, dann stoßen wir auf unzählige Zeichen in Mythen und Religionen. Allein von den Indianern Nordamerikas sind über 300 verschiedene einfache Zeichen bekannt! Denken wir gerade auch an die Kriegsbemalung der Indianer – und wer weiß, vielleicht verstehen wir erst jetzt den Sinn des Sprichwortes: „Ein Indianer kennt keinen Schmerz!“

Körperbemalungen wurden rund um den Globus eingesetzt, von der Südsee bis nach Afrika und Indien. Und trotz räumlicher und zeitlicher Trennung sowie ohne Kontakt der verschiedenen Völker untereinander wurden in vielen Kulturen ähnliche geometrische Formen wie zum Beispiel mehrere parallele Striche verwendet. Hier können wir auch an Ötzi denken, die 5.300 Jahre alte Gletschermumie, auf der sogenannte „Tätowierungen" aus Strichen und Kreuzen entdeckt worden sind.

Die meisten Symbole – gleichgültig, ob es sich dabei um religiöse Symbole oder etwa um Straßenschilder handelt – beruhen auf wenigen Grundformen, wie sie auch in der Natur vorkommen. Der Kreis symbolisiert Sonne und Mond, Wellen und Spiralen finden wir im Meer und in Flüssen, Mandalaformen mit einem Mittelpunkt im Zentrum zeigen sich in Form von Blüten oder Schneeflocken, überkreuzte Linien stehen für die vier Himmelsrichtungen.

> *„Gott wünscht, dass wir den Tieren beistehen, wenn sie der Hilfe bedürfen. Ein jedes Wesen in Bedrängnis hat gleiches Recht auf Schutz. Alle Geschöpfe der Erde fühlen wie wir, alle Geschöpfe streben nach Glück wie wir. Alle Geschöpfe der Erde lieben, leiden und sterben wie wir, also sind sie uns gleichgestellte Werke des allmächtigen Schöpfers – unsere Brüder."*
> **Franziskus von Assisi**

Der Organismus: ein Informationssystem

Symbole sind die Sprachgrundlage unseres Gehirns, wie neueste Forschungen aus der Neurologie aufzeigen. Doch nicht nur unser Gehirn verfügt über Intelligenz zur Informationsverarbeitung, sondern unser gesamtes biologisches System. Darüber berichtet auch die weltweit anerkannte Wissenschaftlerin Candace B. Pert, Professorin für Physiologie in Washington D.C., in ihrem Buch „Moleküle der Gefühle“. Sie belegt, dass Intelligenz in jeder unserer Körperzellen steckt und dass in jeder Sekunde in unserem Organismus ein umfassender Informationsaustausch stattfindet – was liegt also näher, als mit Informationen Heilimpulse zu setzen?

Den Organismus beschreibt die Wissenschaftlerin als psychosomatisches Netzwerk, in dem schnell Informationen von einem System zum anderen übertragen werden können. Information – darin sieht Pert sogar das fehlende Bindeglied zwischen Körper und Geist. So sei jeder Organismus ein dynamisches System mit einem konstanten Veränderungspotenzial – Selbstheilung sei die Norm, nicht die Ausnahme! Die Professorin wies den ständigen Informationsaustausch auf der biochemischen Ebene in unserem Organismus nach und schrieb: „Durch die Freisetzung von Neuropeptiden, die an Rezeptoren binden, verschicken Zellen ununterbrochen Nachrichten an Zellen. Die empfangenen Signale veranlassen die Zelle, wie das Besatzungsmitglied am Ruder oder an den Segeln, Veränderungen vorzunehmen.“

Über die Heilkraft der Symbole

Symbole transportieren das Immaterielle, das „Unsichtbare“, den „Geist der Dinge“, ins Sichtbare – und eine höhere Instanz, die jedem lebenden Wesen innewohnt, versteht diese Sprache. Mithilfe von Symbolen werden komplexe Informationen auf ihren kleinsten Nenner komprimiert. Als Vermittler zwischen der inneren und der äußeren Welt spielen Zeichen und Symbole eine herausragende Rolle bei der Aktivierung der Selbstheilungskräfte. Die Arbeit mit Symbolen als „Spra-

Der stilisierte Fisch ist eines der ältesten Zeichen der Menschheit, als Rune Othila wird das Fischesymbol auch für Heilzwecke eingesetzt. Die Abbildung zeigt eine der ältesten Überlieferungen eines Fischmotivs, das von den Nordwestküsten-Indianern Kanadas auf Vancouver Island in Felsen geritzt wurde (Petroglyph Park).

che der Seele und des Universums" erreicht daher oft auch mentale und spirituelle Dimensionen und fördert so eine Therapie auf der Ursachenebene.

Die Neue Homöopathie hat also zum Ziel, mit Zeichen und Symbolen Heilimpulse zu setzen, die die gesunde Selbstregulation des Organismus anzustoßen vermögen: Dadurch können – ohne energetisch störend wirkende Blockaden – wieder die richtigen Nachrichten an die richtigen Orte verschickt werden, damit alle Funktionsabläufe und biochemischen Prozesse im Organismus sozusagen wieder reibungslos (ohne Störzonen) Hand in Hand arbeiten!

Wie Sie die richtigen Informationen beziehungsweise Symbole herausfinden, um solche Veränderungen im Organismus zu bewirken und die richtigen Heilimpulse für Ihr Tier setzen, lesen Sie im folgenden Kapitel.

Das Testverfahren mit der Einhandrute

Sowohl zur Diagnosestellung als auch zur Austestung der geeigneten Zeichen und Symbole für die Behandlung bedient sich die Neue Homöopathie eines Gesundheitstensors, der sogenannten Einhandrute. Der Umgang mit diesem „Zauberstab der Neuzeit" ist ganz einfach - man benötigt keinerlei Vorkenntnisse und auch keine mediale Begabung oder ähnliche Fähigkeiten. Jeder kann das Testen mit der Einhandrute erlernen.

Um diesen Tensor richtig benutzen beziehungsweise die Aussage des Ausschlags überhaupt interpretieren zu können, ist – wie bei jedem anderen Messinstrument auch – die Eichung der allererste Schritt. Man muss sich dazu erst einmal in ein System einfinden, innerhalb dessen der Ausschlag interpretierbar ist. Vergleichbar ist das mit einer Uhr: Das Zifferblatt stellt eine bestimmte Systematik dar, und wenn der Zeiger irgendwo hindeutet, weiß man dadurch, wie spät es ist. Fehlten die Abbildungen des Zifferblattes oder würden wir diese Systematik nicht kennen, dann könnten wir keine Aussage über die Uhrzeit treffen. Ganz genauso verhält sich das mit der Einhandrute. Die Neue Homöopathie bedient sich hier eines Systems, das auf den Forschungen Erich Körblers basiert.

Umgang mit der Einhandrute

Wie man diese „Eichung" vornimmt und wie man testet, ob man zu dem momentanen Zeitpunkt überhaupt selbst testfähig ist, haben wir bereits ausführlich im ersten Band von „Medizin zum Aufmalen" beschrieben. Autodidakten können sich den Umgang mit der Einhandrute mit dieser Anleitung selbst beibringen. Ansonsten ist ein Rutenkurs sehr empfeh-

Mit einer Einhandrute testet man die passenden Symbole aus.

lenswert, weil hier in der Gruppe sehr viel geübt wird und die Teilnehmer dadurch mehr Sicherheit im Umgang mit dem Gesundheitstensor gewinnen.

Am Anfang geht es darum, den Ausschlag der Rute hinsichtlich „Ja“ oder „Nein“ zu interpretieren – die Rute schlägt horizontal oder vertikal aus. Wie herum man geeicht ist, das kann bei jedem Menschen verschieden sein. Mit dieser Eichung auf Ja oder Nein legt man den Grundstock für die Testung mit der Einhandrute und kann schon sehr vieles abfragen, wie etwa: „Ist dieses Futter gut für mein Tier?“ – Ja/Nein; „Ist dieser Schlafplatz geeignet?“ – Ja/Nein.

> *„Wer Tiere quält, ist unbeseelt, und Gottes guter Geist ihm fehlt. Mag noch so vornehm drein er schauen, man sollte niemals ihm vertrauen.“*
>
> **J. W. von Goethe**

Um zu sehen, wie uns die Rute ein Ja oder Nein anzeigt, gehen Sie folgendermaßen vor: Am besten stellen Sie sich hin und halten die Rute locker in der Hand. Dann denken Sie an ein schönes Ereignis, das Ihnen viel Freude gemacht hat, etwa ein Urlaub oder ein stimmungsvoller Sonnenaufgang. Beobachten Sie nun den Rutenausschlag, und vertrauen Sie auf das, was er Ihnen anzeigt: Diese Richtung (horizontal oder vertikal) ist Ihre individuelle Eichung auf JA. Nun denken Sie an ein schlechtes Erlebnis oder Ereignis oder etwa daran, ob Ihnen große Mengen von Zucker oder Ähnliches guttun würden – beobachten Sie jetzt den Ausschlag, nun sind Sie geeicht und kennen den Rutenausschlag bezüglich eines NEINs.

Üben Sie sich nun in diesem System, und Sie werden immer sicherer im Umgang mit der Einhandrute. Mit dem Ja/Nein-System können Sie schon eine ganze Menge abfragen – doch Erich Körblers System geht noch einen entscheidenden Schritt weiter:

Um tatsächlich eine Aussage zu treffen, wie gut oder wie schlecht etwas für einen Organismus verträglich ist, dafür reicht diese Messung allein noch nicht aus. Erich Körbler erfand daher eine Methodik, durch die man auch den *Grad* einer Verträglichkeit oder einer Unverträglichkeit feststellen kann.

Gerade wenn es um die Gesundheit geht, versteht man leicht, wie wichtig das ist. Beispielsweise hat Ihr Hund eine Magenverstimmung. In diesem Fall kann nicht nur mit Ja/Nein getestet werden, ob er etwas Unverdauliches gefressen hat, sondern Sie erhalten Aufschluss darüber, *wie* unverträglich die Nahrung war – möglicherweise war sie ja sogar giftig. Sie sehen: Zwischen einer leichten Magenverstimmung oder etwa dem Verzehr von etwas Giftigem, das vielleicht sogar lebensbedrohlich sein könnte, liegt eine große Bandbreite. Und genau hier können wir mit der energetischen Messung nach Erich Körbler sehr differenziert testen.

Den Grad der energetischen Belastung feststellen

Durch den sogenannten energetischen Kreis werden die Testmöglichkeiten enorm erweitert. Verglichen mit der Uhr bedeutet dies: Es gibt nicht nur 12 Uhr mittags und 12 Uhr nachts, es ist nicht nur dunkel oder hell, sondern es gibt noch all die anderen Tageszeiten und Zwischenschattierungen.

Anhand dieser Abbildung sehen Sie nun auch die von Erich Körbler definierten Zeichen und die ihnen entsprechend zugeordneten Rutenausschläge. Um dieses System einzuüben und sich darauf zu eichen, empfiehlt es sich, die Rutenbewegungen zunächst ein paar Male willentlich im Uhrzeigersinn – wie abgebildet – nachzuempfinden.

Der energetische Kreis.

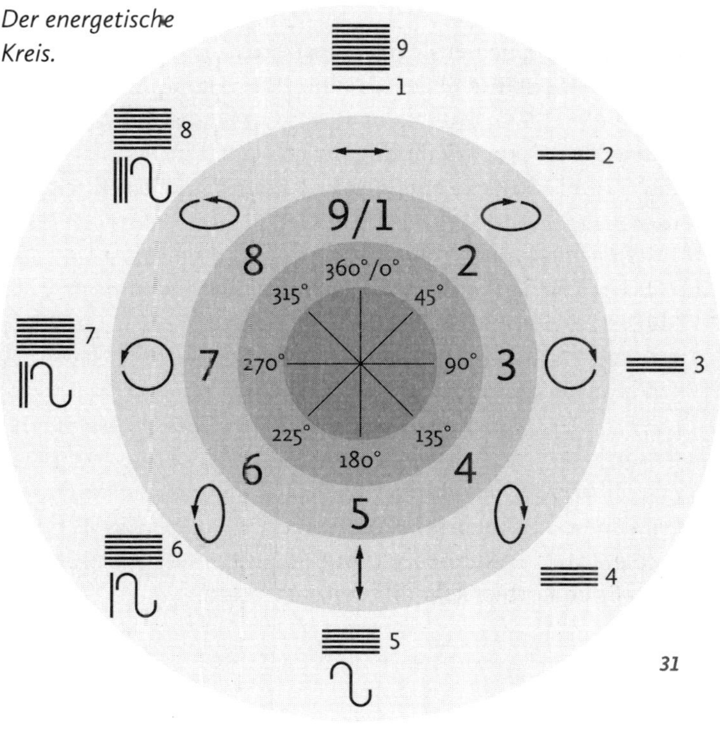

Dieser Energiekreis stellt den Grad der Verträglichkeit/Unverträglichkeit dar. Stellen Sie sich vor, oben sei Tag, unten Nacht: Bei 180° sehen Sie das Umkehrzeichen Sinus; ab hier ändert sich auch die Richtung des Rutenausschlags um 180°, das bedeutet: Alles, was auf der linken Kreishälfte getestet wird, fällt in den unverträglichen Bereich hinein.

Laut den Lehren Körblers sollen wir erst ab jetzt aktiv werden in der Verwendung dieser Heilzeichen. Hätte sich beispielsweise eine leichte Magenverstimmung Ihres Tieres auf der rechten Seite des Kreises in der Höhe von 3 Strichen gezeigt, bedeutete dies, dass noch kein Handlungsbedarf besteht. Die Selbstheilungskräfte des Tieres reichen hier aus, um mit dieser Belastung oder Erkrankung fertig zu werden. Hat das Tier dagegen etwas Giftiges gefressen, würde sich dies im linken Halbkreis zeigen, zum Beispiel bei 2 Strichen und Sinus (sprich „2-Strich-Sinus“). Das entspricht einer Belastung von Grad 7 – nun besteht akuter Handlungsbedarf!

Welche Möglichkeiten es gibt, Ihr Tier bei der Genesung mithilfe von Zeichen und Symbolen zu unterstützen, erfahren Sie ausführlich im Praxisteil dieses Buches. Doch zunächst möchten wir Ihnen noch einmal kurz die verwendeten Zeichen vorstellen.

Wenn Sie gut geübt im Umgang mit der Einhandrute sind, können Sie nach Belieben auch mit Heilzeichen aus anderen, hier nicht näher beschriebenen Symbolwelten arbeiten.

> *„Möge die Katze dir nicht in den Milchtopf treten, der Hund den Butternapf nicht umstoßen, die Maus den Schinken nicht riechen. Mögest du Nachsicht haben mit der Tollpatschigkeit der Tiere, so wie du dir deine eigene Ungeschicklichkeit verzeihst.“* **Irischer Segenswunsch**

Das Sinuszeichen kann unter anderem Schmerzen lindern.

Die verwendeten Zeichen

Bei der von Erich Körbler begründeten Schwingungsmedizin kommen einfache Striche, das Sinuszeichen, das Ypsilon und das balkengleiche Kreuz sowie ein Elektrosmogzeichen zum Einsatz.

Nach den Theorien Körblers empfangen diese einfachen Strichcodes Frequenzen, ähnlich wie Antennen auf einem Hausdach: Diese empfangen beispielsweise Rundfunkfrequenzen und geben sie weiter. Als Negativbeispiel dienen hier sicher die Sendemasten des Mobilfunks: Auch sie empfangen Frequenzen und geben diese – zumeist unverträglichen Frequenzen – leider an den lebenden Organismus weiter.

Die Zeichen in Form von Strichcodes können für unseren Organismus jedoch heilbringend eingesetzt werden. Diese kleinen Antennen sorgen für eine sogenannte Konsonanz: Ein aus der Balance geratener Organismus schwingt durch sie wieder im kosmischen Rhythmus.

Für Heilzwecke können aber nicht nur die bekannten Körbler’schen Strichcodes eingesetzt werden – es gibt noch viele weitere Symbole mit einem starken heilbringenden Kraftfeld, etwa die „Blume des Lebens“ oder den Kreis mit dem Punkt in der Mitte, das Zeichen für „Gottvertrauen“.

Wenn Sie den Umgang mit der Einhandrute beherrschen, wird es Ihnen möglich sein, das jeweilig für die Situation passende Symbol auszutesten, das Zeichen, das momentan gebraucht wird, ganz unabhängig davon, aus welchem Heilsystem es stammt.

Ausführlich werden die Körbler’schen Strichcodes und der Umgang mit der Einhandrute im ersten Band von „Medizin zum Aufmalen“ behandelt.

Parallele Striche

Aus einfachen, einzelnen Strichen sind die meisten Zeichen und Symbole dieser Welt zusammengesetzt. Ein einzelner Strich wirkt wie eine Antenne, er empfängt und sendet zugleich. In dem System von Erich Körbler kommen ein bis neun parallele Striche zur Anwendung. Fünf Striche sind gleichzusetzen mit dem Sinuszeichen (siehe rechte Seite). Sie entsprechen auf dem energetischen Kreis genau 180° – hier erfolgt auch die Umkehr beim Rutenausschlag. Neun parallele Striche entsprechen quasi wieder der Eins und haben die Wirkung eines Verstärkers, verleihen Kraft und Ausdauer, kommen aber bei Krankheiten nur selten zum Einsatz. In der Neuen Homöopathie wird ein einzelner Strich häufig verwendet, wenn Narben entstört werden sollen.

Sinuszeichen

Das Sinuszeichen – gleichzusetzen mit fünf parallelen Strichen – ist das sogenannte „Umkehrzeichen". Es wandelt unverträgliche Frequenzen in verträgliche um – aber Achtung: Dieser Vorgang wirkt auch umgekehrt. Daher muss immer individuell ausgetestet werden, wie lange ein Sinuszeichen zum Einsatz kommen soll, sonst könnte sich auch eine heilbringende Schwingung wieder umdrehen.

Kommen noch ein bis drei parallele Striche hinzu, wird die Umkehrwirkung zusätzlich verstärkt. Das Sinuszeichen wird häufig direkt auf schmerzende Stellen angebracht und kommt zum Einsatz beim „Umschreiben" von Erkrankungen bei der Wasserübertragung, also bei der individuellen Herstellung einer medikamentenähnlichen Schwingung.

Ypsilon

Das Y ist ein häufig angewandtes Zeichen. Weil es stets positiv wirkt, wird es auch „Verstärkungszeichen" genannt: Unverträgliche Informationen werden in verträgliche gewandelt, verträgliche Informationen bleiben verträglich und werden zudem gestärkt. Bei der Wasserübertragung kommt es ebenfalls zum Einsatz, es soll die umgeschriebenen Informationen nachhaltig stärken und festigen.

In der Natur kommt das Ypsilon-Zeichen häufig vor, wir finden Äste von Bäumen in Ypsilonform, wenn diese auf geopathischen Störzonen stehen. Die Ypsilonform hilft dann, kosmische Energie aufzunehmen. Im Mikrokosmos sehen wir unter dem Mikroskop Antikörper in Form eines Ypsilons. Wird das Ypsilonsymbol auf dem Körper angebracht, sollte immer die Richtung ausgetestet werden. Liegen in einem Bereich Stauungen vor (Venen, Lymphfluss), so hilft dieses Zeichen, die betroffenen Körperflüssigkeiten wieder in Bewegung zu bringen.

Kreuzformen

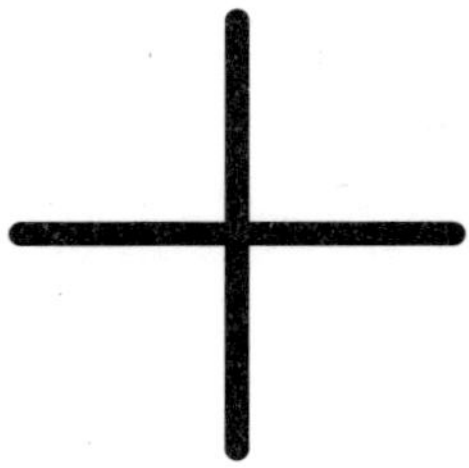

Auch das Kreuzsymbol besteht aus einfachen Strichen. Erich Körbler setzte das balkengleiche Kreuz bevorzugt bei der energetischen Wohnraumsanierung ein, um geopathische Störungen auszugleichen. Es ist daher in der Neuen Homöopathie bekannt unter dem Namen „Abschirmzeichen“.

Auch bei unseren kleinen Lieblingen kommt es vor, dass zum Beispiel der Käfig auf einer geopathischen Störzone steht. In diesem Fall sollte das Tier sofort umgesiedelt werden. Ist dies beispielsweise durch ein feststehendes Stallgebäude nicht möglich, kommen die schwingungsausgleichenden Zeichen zum Einsatz. Neben dem balkengleichen Kreuz gibt es noch einige weitere Symbole, die sich gut eignen bei geopathischen Störzonen, über die Sie im Praxisteil noch mehr erfahren werden. Auch hier gilt: Testen Sie individuell, welches Zeichen hilft!

Das balkengleiche Kreuz wurde von Erich Körbler nicht zum Aufmalen auf den Körper eingesetzt. Als allgemeines Schutzzeichen können wir es beispielsweise auch auf eine Stallung malen.

Elektrosmogsymbol

Auch dieses Symbol basiert auf den Forschungen Erich Körblers. Wer unter einer Elektrosmogbelastung leidet – ein möglicher Grund, warum man eventuell gerade nicht testfähig ist, um mit der Einhandrute optimal umgehen zu können –, sollte sich dieses Zeichen kurz ansehen, dann wird die Elektrosmogbelastung für einen gewissen Zeitraum aufgehoben. Häufig wird es auch direkt auf elektrische Geräte aufgeklebt, um diese zu entstören. Aber auch hier können wir mit der Einhandrute austesten, welches Symbol – denn es gibt auch aus anderen Symbolwelten Zeichen, die beim Abschirmen helfen können – gerade am besten geeignet ist, damit ein Organismus nicht mit unverträglichen Elektrosmogfrequenzen belastet wird.

Weitere nützliche Symbole

Aus allen Kulturen der Welt gibt es unzählige weitere kraftvolle Symbole, die wir in die Heilarbeit einbringen können – Mandalas, Indianerzeichen und Engelsymbole, die Blume des Lebens, Gebete in Symbolform und viele mehr, darüber haben wir ausführlich in „Medizin zum Aufmalen 2" berichtet. Das Testen mit der Rute erlaubt uns, das jeweils passende Symbol zu ermitteln, denn so individuell wie Mensch und Tier sind, so individuell muss auch die Medizin für die Heilung sein.

Im nachfolgenden Praxisteil zeigen Ihnen viele Fallbeispiele, wie mit den verschiedensten Symbolen Genesungsprozesse unterstützt oder unliebsame Gäste – etwa Marder – ganz einfach umgesiedelt werden können. Patentrezepte gibt es in der Informationsmedizin kaum, die individuelle Testung ist ganz wichtig. Aber Sie werden erkennen: Alles ist möglich!

Teil II: Praxis der Tiertestung und -behandlung

Einsatzmöglichkeiten von heilenden Symbolen am Tier

Die praktische Arbeit mit der Neuen Homöopathie am Tier ist äußerst vielseitig. Die Möglichkeiten der energetischen Testung reichen von der Ermittlung des optimalen Stell- oder Schlafplatzes bis hin zur Behandlung von seelischen Themen, die das Tier stellvertretend für den Tierhalter übernommen hat. Zu Beginn jeder Analyse und jeder Behandlung hat es sich in der Praxis als sinnvoll und hilfreich erwiesen, zunächst folgende Grundfragen zu testen:

- „Wie geht es dem Tier (Grad 1 bis 8) auf der materiell-stofflichen Ebene?"
- „Wie geht es dem Tier (Grad 1 bis 8) auf der energetischen Ebene der Meridiane?"
- „Wie geht es dem Tier (Grad 1 bis 8) auf der emotionalen Ebene?"
- „Trägt das Tier einen eigenen Konflikt aus?"
- „Trägt das Tier ein Thema des Tierhalters aus?"

Ergebnisse ab Grad 5 zeigen an, dass ein oder mehrere Faktoren auf dieser Ebene nicht in Ordnung sind; dies bedeutet Stress für das Tier und der Körper bildet früher oder später Symptome auf dieser Grundlage aus. Der Organismus der Tiere ist grundsätzlich (wie der des Menschen auch) ein sich selbst regulierendes und ausgleichendes System. Dieses System wird aber belastet durch

- Faktoren, wie ungeeignetes Futter, nicht artgerechte Haltung, Medikamente, Impfungen, Lärm, Störung des Schlaf-/Wachrhythmus des Tieres, Elektrosmogbelastungen und so weiter. Diese Dinge gilt es möglichst zu vermeiden und gegebenenfalls auszuleiten.

- Faktoren, die dem Tier fehlen: Bewegung, Licht, gutes Futter; Zuwendung, wie sie dem Tier guttut (allzu häufig müssen Tiere als Ersatz für einen fehlenden Partner oder mangelnde soziale Kontakte herhalten und werden mit einer Liebe überhäuft, die nicht mehr „tier-adäquat" ist und nicht mehr ihren Gewohnheiten und ihrem Umfeld entspricht – man denke nur an Schoßhündchen im Pelzmäntelchen und anderes!): Hier kann unter Umständen zeitweise Unterstützung mit naturheilkundlichen Mitteln wie Bachblüten oder Homöopathie gegeben werden.

Natürlich können auch mehrere Ebenen blockiert sein, zum Beispiel wenn das Tier auf der materiell-stofflichen Ebene mit schlechtem Futter überfüttert wird und gleichzeitig auf der emotionalen Ebene beim Tierhalter den fehlenden Lebenspartner ersetzen soll. In diesem Fall müssen wir auf mehreren Ebenen gleichzeitig therapieren oder mit der Einhandrute abfragen: Welchem Thema soll ich mich zuerst widmen? Kann ich mehrere Themen gleichzeitig behandeln?

Denn wir wollen den Organismus des Tieres nicht überfordern. Meist ist es besser, nicht alles auf einmal zu wollen, sondern dem Tier (und damit seinem Menschen) die Chance zu geben, den Heilungsprozess in seiner eigenen Geschwindigkeit ablaufen zu lassen. Jeder Organismus braucht hierfür seine eigene Zeit.

Mit dem Tier kommunizieren

Mit dem Tier richtig kommunizieren – dies sollte eigentlich ganz am Anfang einer jeden Heilbehandlung stehen. Schließlich geht es darum zu verstehen, was uns das Tier mit seinem Verhalten oder seinen Verhaltensauffälligkeiten sagen möchte: Hat es etwa Schmerzen oder Ängste, stimmt etwas mit dem Futter nicht oder fühlt es sich gar von einem neuen Haustier oder einem Baby von seinem angestammten Platz vertrieben?

Gleichgültig, ob Sie Ihr eigenes Tier behandeln oder ob Sie Tiertherapeut sind, wichtig ist der einfühlsame, ja möglichst intuitive Kontakt mit dem Lebewesen. Versuchen Sie, die Perspektive des Tieres einzunehmen, schlüpfen Sie quasi in seine Haut oder sein Fell, und versuchen Sie, die Tiersprache zu verstehen – werden Sie zum Tierflüsterer! Öffnen Sie Ihr Herz, und seien Sie bereit zuzuhören.

Denn auch ohne Testung mit der Einhandrute ist es oft schon möglich, durch Empathie und den sensiblen Umgang mit dem Tier viel zu erspüren und wertvolle Informationen darüber zu erhalten, um welches Problem es sich handelt oder was die Ursache von möglichen Beschwerden sein könnte.

„Die Augen einer Katze sind Fenster, die uns in eine andere Welt blicken lassen!“ **Aus Irland**

Für das Tier testen

Um für ein Tier zu testen, verfahren wir ähnlich wie beim Menschen: Wenn es möglich ist, halten wir unsere linke Handfläche nahe an das Tier, in der rechten Hand halten wir die Einhandrute und beobachten den Ausschlag (Linkshänder verfahren andersherum). Sollte dies nicht möglich sein, beispielsweise weil es sich um ein wildes Tier in einem Gehege oder einen von vielen Fischen im Aquarium handelt, dann konzentrieren wir uns auf dieses Tier und versuchen, mental den Kontakt herzustellen. Wir lassen uns ganz auf das betreffende Tier ein und beobachten dann den Rutenausschlag. Handelt es sich um Beschwerden, dann ordnen Sie den Ausschlag dem Energiekreis und dem entsprechenden Zeichen zu. Wenn es sich nicht um Beschwerden, sondern um andere Testungen handelt, beispielsweise zum Thema Elektrosmog, können Sie folgendermaßen verfahren, um das richtige Symbol zu ermitteln:

Welches Zeichen hilft am besten? So testen Sie!

Sehr praktisch ist es, wenn Sie eine Palette an gebräuchlichen Symbolen parat haben, die Sie beispielsweise auf Zettel aufgezeichnet haben. Im Handel (siehe Adressteil) sind auch schöne Kärtchen oder Aufkleber erhältlich. Besonders gut geeignet für die von uns beschriebenen Anwendungen ist unser Kartenset „Medizin zum Aufmalen" (Mankau Verlag, ISBN 978-3-938396-59-9), mit dem Sie die 64 wichtigsten Strichcodes und Heilsymbole zur Hand haben.

Wenn Sie beispielsweise testen möchten, welches Zeichen individuell am besten bei einer Elektrosmogbelastung hilft, gehen Sie folgendermaßen vor: Testen Sie auf Basis der Methodik des Energiekreises jedes infrage kommende Zeichen für dieses Problem aus. Das Zeichen, das mit dem Rutenausschlag Grad 1 anzeigt (entspricht Ihrer Ja-Bewegung), ist das beste! Dieses Symbol kehrt die zuvor als störend getestete Schwingung also komplett um in einen sehr verträglichen Bereich. Wenn kein Symbol mit Grad 1 testet, wählen Sie dasjenige aus, das diesem Ergebnis am nächsten kommt.

„Alle lebenden Kreaturen haben die gleiche Seele, auch wenn ihre Körper verschieden sind."

Hippokrates

Zeichen aufmalen

Zeichen aufmalen – das ist bei Tieren oft schwierig. Bei Tieren mit Fell kann man (nur notfalls!) das Fell abrasieren, oder man klebt das entsprechende Zeichen mit einem Heftpflaster auf das Tier.

Oft ist dies aber nicht möglich, beispielsweise beim kranken Wellensittich. In solch einem Fall ist es sinnvoll, mit einem Foto oder einer einfachen Zeichnung, die man von dem Tier angefertigt hat, zu arbeiten. Zeichnen Sie ein Bild von dem Wellensittich und malen Sie das getestete Zeichen an die entsprechende Stelle. Dann testen Sie mit der Rute, wo und wie lange Sie dieses Bild aufbewahren sollen.

Die Neue Homöopathie bietet darüber hinaus mannigfaltige Möglichkeiten, wie Sie die heilenden Zeichen zum Einsatz bringen können. Handelt es sich zum Beispiel um geopathische Störzonen – und ein Stall kann nicht verlegt werden –, kann das entsprechende Symbol direkt an Ort und Stelle eingeritzt werden, wie beispielsweise an die Stalltüre. Ein konkreter Fallbericht dazu folgt im Praxisteil.

Es ist auch möglich, die Symbole in Steine zu ritzen und diese in den Stall des Tieres zu legen. Zudem ist das Einschwingen von Symbolen oder Botschaften/Affirmationen in die Aura des Tieres eine Möglichkeit, die Schwingung wieder in die richtige Balance zu bringen. Auch dazu erfahren Sie mehr im Praxisteil.

Informationsübertragung auf Wasser oder Futter

Wie auch für den Menschen kann für das Tier eine Wasserübertragung gemacht werden. Auf diese Art und Weise können Sie eine individuelle Medizin herstellen, um Krankheiten umzuschreiben. In unserem ersten Band haben wir ausführ-

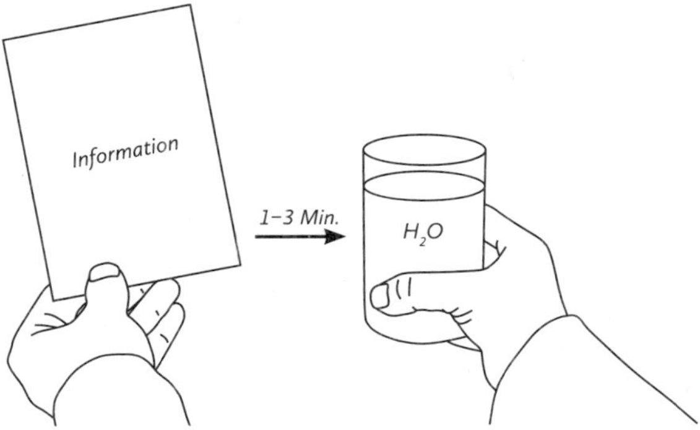

Übertragung von Information auf Wasser.

lich darüber informiert, wie die Wasserübertragung durchgeführt wird. Die Information wird immer von links nach rechts übertragen.

Bei Tieren lassen Sie die Wasserübertragung vom Tierhalter für sein Tier durchführen, dieser hält also beispielsweise einen Zettel mit einer umgeschriebenen Erkrankung in seiner linken Hand und überträgt diese Heilinformation rund eine Minute lang auf ein Glas Wasser in der rechten Hand. Das so informierte Wasser kann in den Wassernapf des Tieres gegeben werden. Möglich ist auch, dass Sie das Tier, zum Beispiel einen Wellensittich, mit dem informierten Wasser einsprühen, wenn er eine Erkrankung seines Federkleides hat, die von Parasiten verursacht wurde.

Je nach Tierart hat es sich bewährt, diese Übertragungen auch direkt aufs Futter vorzunehmen. Bei Pferden werden die Informationen gerne auf Äpfel übertragen, aber auch die Übertragung auf Karotten oder im Einzelfall auf Heu ist möglich. Über viele weitere Möglichkeiten können Sie im Praxisteil lesen!

Fallbeispiel: Eine neue Katze kommt ins Haus ...

Katzenprinzessin Pia war viele Jahre lang Alleinherrscherin ihres Reiches. Doch es kam, dass ihr Frauchen einen Freund hatte, der ein Katzenbaby bei sich zu Hause aufnahm. Weil die beiden Katzenhalter zusammenziehen wollten, versuchten sie, die Katzen schon jetzt aneinander zu gewöhnen. Obwohl SuzieQ noch ein Baby war, hielt das Katzenprinzessin Pia nicht davon ab, sie wie wild anzufauchen und ihr auch ein paar Klapse zu verpassen, weil sie ungefragt in ihr Reich eingedrungen war. Daraufhin fertigten wir schnell eine „Familienaufstellung" zwischen SuzieQ und Pia an, versehen mit dem getesteten Sinuszeichen in der Mitte, und legten diesen Zettel zwischen die beiden. Der Erfolg trat sofort ein: Pia hörte auf zu fauchen und verließ den Raum ganz lässig, als ob nichts gewesen wäre! *Petra Neumayer*

Fallbeispiel: Die wilde Streunerin

Katzenbaby SuzieQ war es von zu Hause her gewohnt, draußen zu sein. Nach einer Zeit der Eingewöhnung in ihrem neuen Heim war sie nicht mehr drinnen zu halten, ihr Weinen und der Wunsch, im Freien streunen zu dürfen, erweichten schnell das Herz ihres neuen Halters. Zunächst gewöhnte er SuzieQ mit einer langen Leine an den Freilauf im Garten, doch bald schon erhörte er ihren Ruf nach der großen Freiheit und ließ sie ganz ungehindert laufen. Schon in der nächsten Sekunde war SuzieQ verschwunden und bekam von nun an den Namen „wilde Hilde". Auch nach langem Suchen konnte die Katze nicht gefunden werden; erst spätabends wurde sie von Kindern, die am anderen Ende der Siedlung wohnten, heimgebracht.

Daraufhin versuchte der Halter, SuzieQ doch noch ein bisschen länger im Haus zu behalten, aber das Gejammer weichte wieder schnell sein Herz auf. Wir malten nun einen Zettel und schrieben darüber: „Suzies Heim". Wir zeichneten das Haus darauf, Suzies Transportcase, der auf der Terrasse stand und der nächtlichen Streunerin Unterschlupf und Wärme gewähren sollte, und ihr Herrchen sowie sie selbst. Das Ganze versahen wir mit einem Ypsilon. Diesen informierten Zettel legten wir in die Transportbox. Seit diesem Moment läuft SuzieQ nur noch zu den direkt in der Nachbarschaft gelegenen Häusern und kommt alle paar Stunden heim, um nach dem Rechten zu sehen!

Petra Neumayer

Die materiell-stoffliche Ebene testen

Schon allein wenn die materiell-stoffliche Ebene unserer Haus- und Nutztiere – Haltung, Futter, Bewegung – in Ordnung wäre, würden sich die Tiere wohl einer wesentlich besseren Gesundheit erfreuen. So ist diese Situation also der von uns Menschen recht ähnlich: Zu viel falsches Essen, gepaart mit zu wenig Bewegung, macht krank!

An erster Stelle unserer Bemühungen sollten also die Optimierung von Haltung und Fütterung sowie der Auslauf unserer Tiere stehen. Erst danach, oder kombiniert damit, ist eine Therapie mit energetischen Methoden, pflanzlichen oder homöopathischen Arzneimitteln, Ausleitungsmitteln und anderem wirklich sinnvoll.

Gefordert ist hier ein grundsätzliches Umdenken und ein Nachdenken darüber, wie wir mit Tieren umgehen. Auch wenig angenehme Themen wie Massentierhaltung, Tierversuche, Fleischverzehr und die grundsätzliche Überlegung, welche Tiere sich überhaupt als Haustiere eignen, sollten wir nicht verdrängen. So sind und bleiben zum Beispiel Vögel Tiere der Luft, die sehr viel freien Raum um sich benötigen. Und muss es wirklich sein, exotische Schlangen, Insekten oder in den Weiten des Ozeans lebende Zierfische in kleinen Glasgefäßen zu halten? Am Ende muss jeder Tierhalter selbst erspüren, was für ihn in Ordnung ist, in aller Achtung vor dem lebenden Tier.

Optimale Tierhaltung

Wir möchten an dieser Stelle nicht auf das Desaster der Massentierhaltung eingehen, das würde den Rahmen dieses Buches sprengen. Die Probleme sind bekannt, die Ausmaße werden dennoch oft unterschätzt. Diese würde man wohl nur

Wie wichtig sind eigentlich Kuhhörner?

Kühe haben Hörner, das ist eigentlich ganz normal, doch leider werden Kühe in unseren Breitengraden enthornt. Inzwischen gibt es Hinweise darauf, dass die Kuhhörner einen entscheidenden Einfluss auf die Qualität der Milch haben könnten. Warum das so ist, weiß man aber noch nicht genau. Fest steht, dass Menschen, die unangenehme Reaktionen auf herkömmliche Biomilch und Milchprodukte haben, bei Milch aus biologisch-dynamischem Anbau oft keine Beschwerden zeigen. Es wird vermutet, dass hierbei das Enthornungsverbot (etwa beim Demeter-Verband) eine große Rolle spielt. Sogar die Rohmilch wird von Neurodermitikern, die häufig keine Kuhmilch vertragen, gut toleriert, weiß Allergologe Dr. Thomas Roos, der dies im Rahmen von doppelblind durchgeführten Nahrungsmittel-Provokationstestungen nachwies, zu berichten.

begreifen können, wenn man die Orte des Geschehens, die Ställe, die Zucht- und Versuchsanstalten besuchen und sich selbst ein Bild machen würde. Den meisten Menschen würde wahrscheinlich die Lust am Verzehr von Fleisch ein für allemal vergehen; sie verdrängen dies aber lieber.

Dennoch finden wir es angebracht, darüber nachzudenken, ob unsere Haustiere artgerecht gehalten werden. Auch Nutztiere verdienen unsere Achtung und unsere Würdigung in höchstem Maße. Sorgen wir bitte durch unser Einkaufsverhalten als Konsument dafür, dass auch sie ein einigermaßen würdevolles, angstfreies Leben führen können! Kaufen Sie bevorzugt Biofleisch. Die ökologische Landwirtschaft und Viehzucht garantiert dem Tier ein artgerechtes Leben und eine stress- und schmerzfreie Schlachtung.

Glück, wenn ein Tier sich seinen eigenen Schlafplatz auswählen kann: Katzenprinzessin Pia schlummert gern im Wäschekorb neben Buddha!

Stellplatz/Liegeplatz

So wie der Mensch Plätze und Räume sucht, wo er sich wohlfühlt, so tut dies auch das Tier – wenn es kann. Hunde und Katzen haben ihre Lieblingsplätze, die sie immer wieder aufsuchen.

Tierhalter kennen das: Sie kaufen ein extra-feines Körbchen, suchen einen geschützten Ort in der Wohnung und freuen sich auf die wohlgefällige Aufnahme durch das Tier… aber weit gefehlt: Hund und Katze suchen sich einen uns äußerst unbequem anmutenden, viel zu engen Platz und rollen sich wohlig zwischen verstaubten oder benutzten Kleidungsstücken zusammen… und verschmähen das teure neue Teil. Wo sich das Tier wohlfühlt, sollte es also möglichst selbst entscheiden.

Handelt es sich um Tiere in Käfigen, wie zum Beispiel Maus, Hamster, Meerschweinchen oder Vogel, sollte man vorher den besten Platz austesten, indem man mit der Einhandrute die Bereiche des Raumes abfragt, indem man ihn beispielsweise in Quadranten einteilt:

→ „Wie ist dieser Platz?“ Zeigt die Rute Grad 1 an, so ist dieser Ort optimal geeignet für den Käfig.

Auch der Käfig selbst sollte groß genug für das Tier sein. Fragen Sie:

→ „Wie gut ist die Größe dieses Käfigs?"
→ „Um wie viel Prozent größer sollte der Käfig sein?"

> *„Das Wort Tierschutz sagt eigentlich alles aus. Wir schützen die Tiere nicht vor einem Erdbeben, nicht vor einem Tsunami, wir schützen sie vor uns Menschen. (...) Und wir haben erst etwas geändert, wenn wir uns geändert haben."*
> **Michael Aufhauser, Gut Aiderbichl, März 2008**

Heu, Streu, Sägespäne

Testen Sie das Material, das Sie in den Käfig einbringen wollen, auf seine Eignung für das Tier. Von Grad 1 bis 3 sind Streu, Heu oder die Sägespäne in Ordnung, darüber wird es unverträglich für das Tier und im Übrigen oft auch für den Menschen. Im Tierhandel werden so viele Produkte für Käfigtiere angeboten, dass Sie sicher die passende Streu oder geeignetes Heu finden werden.

Auch Hamster fühlen sich am wohlsten, wenn die „Wohnungseinrichtung" stimmt.

Fallbeispiel: Tierhaarallergie – mitnichten!

Die Mutter eines achtjährigen Jungen vermutete eine Allergie gegen dessen Meerschweinchen, weil der Junge jedes Mal niesen musste, wenn er in die Nähe des Tieres kam. Die Austestung „Wie sind Tierhaare/Tierschuppen/andere Teile des Tieres für den Jungen?“ zeigte keine Belastung über Grad 3 an. Das Tier selbst war also nicht der Grund für das Niesen. Die Testung von Streu und Heu ergab jedoch, dass das Sägemehl mit Grad 7 stark belastend auf den Jungen wirkte. Die Mutter kaufte daraufhin eine andere Einstreu, mit der die Symptome verschwanden. *Roswitha Stark*

Der optimale Platz im Stall

Auch wenn Stalltieren meist nicht ausreichend Platz zur Verfügung gestellt werden kann oder Landwirte dies aus ökonomischen Gründen nicht tun, so gibt es dennoch Möglichkeiten, den Tieren im Stall das Leben so stressfrei wie möglich zu gestalten (was allerdings kein Freibrief für die Massentierhaltung sein darf!).

Versuche mit Milchkühen haben zum Beispiel gezeigt, dass diese mehr Milch geben, wenn sie liebevoll mit Namen angeredet werden, wenn die Wände hellrosa gestrichen sind und wenn sie klassische Musik hören dürfen. Auch ist zu testen, ob das Licht in der Umgebung stimmt. Das typische Neonlicht im Stall wirkt sich meist negativ auf die Tiere aus. Und es sollte eigentlich selbstverständlich sein, dass Stalltiere genügend frische Luft und Tageslicht bekommen und wenigstens ab und zu Auslauf erhalten!

Wenn die Tiere schon eng stehen müssen, so können wir doch verschiedene Faktoren im Stall testen und optimieren.

Nachbarn im Stall

Nicht jede Kuh kann die dumme Kuh neben sich leiden, nicht jede Stute den arroganten Hengst gegenüber in der Box. Wir fragen:

→ „Wie ist die Nachbarschaft mit diesem Tier?"

Ab Grad 5 wird es bedenklich, was meist schon am Verhalten des Tieres bemerkt wurde. Kann der Platz nicht getauscht werden, können Sie eine energetische Harmonisierung mit folgenden Symbolen versuchen:

→ gleichschenkliges Kreuz oder Jerusalem-Kreuz
→ Ypsilon
→ Blume des Lebens
→ liegende Acht

Testen Sie das geeignete Symbol aus, indem Sie dasjenige auswählen, das Grad 1 anzeigt, also optimal geeignet ist. Fragen Sie mit dem Tensor ab, wo und wie lange das Symbol aufgemalt oder aufgeklebt werden soll und ob es ein Symbol oder mehrere sein sollen.

Leider ist heutzutage nicht jede Kuh in der glücklichen Lage, sich selbst ein schönes Plätzchen auszusuchen wie dieses Kalb hier im Rosengarten in den Dolomiten.

Fallbeispiel: Pferd verträgt sich nicht mit seinem Gegenüber

Zwei Pferde hatten ihren Stellplatz in gegenüberliegenden Boxen. Dazwischen befand sich ein Gang. Das eine Pferd, eine Stute, schlug jedes Mal gegen die Boxentür, sobald sein Gegenüber eingestellt wurde, und gebärdete sich auch sonst unruhig, sobald sich das andere Pferd im Stall befand. Wir testeten verschiedene Symbole aus und das gleichschenklige Kreuz zeigte mit Grad 1 eine optimale Eignung an. Wir fragten, was mit dem Kreuz geschehen solle und als Ergebnis kam heraus: „an der Boxentür des unruhigen Pferdes anbringen". Das auf ein A4-Blatt aufgemalte Kreuz wurde in eine Klarsichthülle gesteckt und mit Reißnägeln an der Außenseite der Boxentür angebracht. Das Pferd wurde daraufhin entschieden ruhiger. *Roswitha Stark*

Bei tierischen „Nachbarschaftsproblemen" haben Therapeuten auch gute Erfahrungen mit der liegenden Acht gemacht, wenn dieses Zeichen am stärksten testet: Schreiben Sie den Namen von den beiden Tieren auf einen Zettel (oder machen Sie eine Zeichnung von dem jeweiligen Tier) und malen Sie je einen Kreis darum. Dann verbinden Sie dies mit der liegenden Acht, sodass sich jeder Name/jedes Bild in einer Schlaufe der Acht befindet.

Tieren soll es so leichter fallen, in respektvoller Verbundenheit mit ihrem Nachbartier zu leben. Man muss den Nachbarn ja nicht gleich lieben – aber ihn wenigstens ohne Aggressionen akzeptieren lernen...

Kann ein Stellplatz im Stall (oder an einem anderen Ort) nicht verändert werden, testen Sie, welche Zeichen wo helfen können, z.B.:

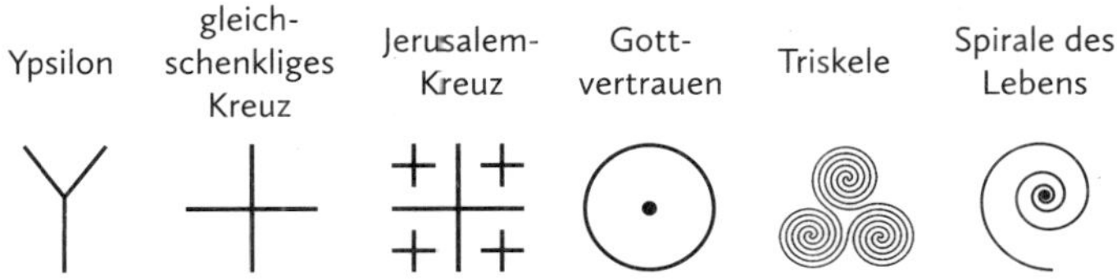

Testen Sie die optimale Position aus, zum Beispiel bei unverträglichen Nachbarn im Stall an der Gattertür, am Fenster, an der Wand, auf den Boden „zeichnen“. Wenn das nicht direkt geht, mental vorstellen oder das Zeichen symbolisch, zum Beispiel mit einem Stock, ziehen. Es können sich auch Zeichen aus anderen Symbolsystemen zur Entstörung eignen.

Geopathische Belastungen ausgleichen

Auch Störzonen unter der Erde – etwa Wasseradern, Gesteinsverwerfungen, Kreuzungen – können Tiere stören und im Extremfall, wenn diese keine Möglichkeit zum Ausweichen haben, krank machen. Während die meisten Menschen nicht oder nur diffus spüren, dass ihnen ein Platz nicht guttut, sind Tiere feinfühliger und meiden diese Plätze in der Natur. So zum Beispiel Pferde oder Hunde. Einige Tierarten aber fühlen sich auf diesen Plätzen wohl, es ist, als würden sie sich hier „aufladen“, zum Beispiel Ameisen, Schlangen oder Katzen. Für Menschen ist es nicht ratsam, sich an diesen Orten allzu lange aufzuhalten. Tiere reagieren also ganz natürlich mit Flucht oder Anziehung auf solche Orte. Nur in der unnatürlichen Umgebung beziehungsweise in der „Gefangenschaft“ können Tiere oftmals diesen Plätzen nicht ausweichen und reagieren mit Verhaltensstörungen oder körperlichen Erkrankungen.

Einritzen eines Jerusalem-Kreuzes mit einem Stock.

Mit der Einhandrute können wir testen, wo sich der belastete Platz beziehungsweise die Störzone unter der Erde befindet. Teilen Sie dazu am besten den Platz in vier Quadranten ein, und fragen Sie, indem Sie die linke Handfläche zum Boden richten und in der rechten Hand die Einhandrute halten:

→ „Ist hier eine Störzone unter der Erde (ja/nein)?"
→ Falls die Rute „Ja" anzeigt: „Wie ist diese Zone (Grad 1 bis 8)?"

Ab Grad 5 ist es sinnvoll, die Zone zu entstören. Dazu benutzen wir hauptsächlich die Kreuzformen „gleichschenkliges Kreuz" (+) und „Jerusalem-Kreuz" (☩). Eine der beiden Kreuzformen wird sich als die am besten geeignete herausstellen. Normalerweise reicht es aus, dieses Kreuz als A4-Kopie in eine Klarsichthülle zu stecken und auf die Störzone zu legen (nachtesten: „Wie ist der Platz jetzt?").

Für die Arbeit mit Tieren ist dies jedoch wenig praktikabel, weil die Tiere darauf herumlaufen oder Heu, Streu und anderes auf dem Boden liegt. Auch das direkte Aufmalen auf den Boden funktioniert oft nicht. Hier können wir uns

Fallbeispiel: Pferd frisst nicht

Zwei Pferde lebten zusammen in einem Offengelände, wobei das eine Pferd der „Chef“ war. Etwas am Rande gelegen befand sich eine Futterstelle, die von zwei gegenüberliegenden Seiten gleichermaßen für die Tiere zugänglich war, sodass beide Pferde gleichzeitig hätten fressen können. Wenn der Besitzer jedoch frisches Futter einschüttete, ging sofort der „Chef“ von rechts zur Futterstelle und fraß, während das andere Pferd wartete und nicht etwa von links zum Fressen ging. Beide Pferde gingen grundsätzlich nur von rechts zur Futterstelle. Die Testung des linken Platzes mit der Frage „Wie ist diese Zone?“ ergab Grad 7, also eine hohe geopathische Belastung. Als geeignetes Entstörzeichen testete das gleichschenklige Kreuz. Da der Boden aus gestampftem Lehm und Stroh bestand, war ein Aufzeichnen des Symbols nicht möglich. Ich nahm daraufhin einen Stock, der in der Gegend herumlag, und ritzte das Symbol in den Boden ein, wobei ich mir die Kreuzform deutlich vorstellte, wie sie sich in den Untergrund einprägte. Beim Nachtesten („Wie ist die Stelle jetzt?“) ergab sich Grad 1. Fortan konnten beide Pferde gleichzeitig fressen. *Roswitha Stark*

behelfen, indem wir die entstörende Kreuz-Information mit unserer mentalen Kraft und eventuell einem Stock oder ähnlichem Gegenstand auf den Boden übertragen.

Bei geopathischen Störzonen gilt aber grundsätzlich: Wesentlich besser wäre es, einen anderen Standplatz für das Pferd oder die Kuh zu finden. Nur wenn dies nicht möglich ist, sollte mit den abschirmenden Symbolen gearbeitet werden.

Problemfeld Elektrosmog

Über die möglichen Auswirkungen von Mobilfunk, Schnurlostelefonen, DECT-Anlagen, Handys und Sendemasten auf die Gesundheit von Menschen wurde in den letzten Jahren viel und mit kontroversen Ergebnissen geforscht. Auch wenn die „direkten" gesundheitlichen Schäden nicht immer nachgewiesen werden konnten, so gibt es doch inzwischen unzählige Erfahrungsberichte, wie viel wohler und gesünder sich Menschen fühlten, wenn der Einfluss dieser Strahlung entfernt oder zumindest reduziert wurde.

Mobilfunkwellen und Elektrosmogstrahlung machen vor keinem Lebewesen halt: Hunde, Katzen, Pferde, Kühe, aber auch Bienen und Schmetterlinge und alle Kleinstlebewesen sind diesen Wellen von allen Seiten hilflos ausgesetzt. Wie fatal sich diese naturwidrigen Frequenzen auf Tiere auswirken, die sich selbst mithilfe von „Radarwellen" orientieren, wie etwa Vogelschwärme, Fledermäuse oder Wale, wird vielleicht erst dann deutlich nachzuweisen sein, wenn das Überleben dieser Tierarten ernsthaft in Gefahr ist. So liegt die Vermutung nahe, dass die besorgniserregende Dezimierung der Bienenvölker nicht alleine an Monokulturen und Pestizidverseuchung, sondern auch am zunehmenden „Wellensalat" in der Umwelt liegt.

DECT-Telefone in Haushalten erzeugen Tag und Nacht Elektrosmog und pulsierende Felder im ganzen Haus, was sich nicht nur auf die Menschen, sondern auch auf alle Haustiere negativ und gesundheitsschädlich auswirken kann. Wenn Ihr Tier unter unerklärlichen oder immer wiederkehrenden Symptomen oder Verhaltensstörungen leidet, machen Sie doch einmal einen Versuch: Entfernen Sie das schnurlose Telefon eine Zeit lang aus der Wohnung und beobachten Sie, was passiert!

Elektrosmog verwirrt die Tierwelt

„Laut einer Elektrosmog-Studie von Ulrich Warnke, Professor an der Universität des Saarlandes, sind die Auswirkungen von Mobilfunkmasten, Wi-Fi-Systemen, Hochspannungsleitungen und ähnliche Quellen elektromagnetischer Strahlung auf die Tierwelt enorm.
Warnke untersucht diese Problematik bereits seit dreißig Jahren und ist erneut zum Schluss gekommen, dass der Elektrosmog unter anderem zum Bienensterben wie auch zum Rückgang der Spatzenpopulationen geführt hat und die Migration von Zugvögeln stört. Die Betreiber von Mobilfunkunternehmen stehen diesen Erkenntnissen jedoch naturgemäß kritisch gegenüber. Das berichtet die Zeitung ‚The Independent'.
In seiner Studie kommt Warnke zu dem Schluss, dass ‚die nie zuvor dagewesene Dichte des Netzes aus künstlichen magnetischen, elektrischen und elektromagnetischen Feldern' das ‚natürliche Informationssystem', auf das sich viele Tiere verlassen, überlagere. Viele Tierarten verwenden das natürliche elektromagnetische Feld der Erde, um sich zu orientieren, die Tageszeit zu bestimmen und das Herannahen von schlechtem Wetter zu spüren. Den starken Rückgang der Bienenpopulationen in den USA und in Europa führt er auf das künstliche elektromagnetische Feld zurück.
Eine österreichische Studie zeigt, dass zwei Drittel der Imker, deren Kolonien sich nicht mehr als 300 Meter entfernt von Mobilfunkmasten befinden, einen unerklärlichen Rückgang ihrer Bienenkolonien zu verzeichnen haben (...)."

Aus: Franz Alt, Sonnenseite.com, 14.9.2008

Elektrosmog harmonisieren

Wenn störende, Elektrosmog emittierende Geräte in Haus, Wohnung oder Stall nicht entfernt werden können oder das Tier extern aufgestellten Sendemasten ausgesetzt ist, kann das Elektrosmogsymbol gute Dienste leisten, um die Belastung zumindest zu minimieren.

Dieses Symbol kann kopiert und in wasserdichte Folie eingelegt werden, um es dann im Raum an geeigneter Stelle anzubringen. Für die Entstörung von kleinen und mittleren elektrischen Geräten eignen sich Aufkleber, die zum Beispiel im Ypsilon-Portal bestellt werden können (Adresse im Anhang, Seite 175).

Messen wir beim Tier selbst eine starke Elektrosmogbelastung, kann das Symbol auch auf sein Trinkwasser übertragen oder unter den Fressnapf gelegt werden, sodass das Tier die neutralisierende Information direkt aufnimmt.

Vorgehensweise:

Elektrosmogbelastung im Raum testen:

- Halten Sie die linke Hand offen in den Raum.
- In der rechten Hand halten Sie die Einhandrute.
- Fragen Sie: „Wie stark ist die Elektrosmogbelastung hier im Raum (Grad 1 bis 8)?“
- „Kann ich mit dem Elektrosmogsymbol die Belastung vermindern?“
- „Wo soll ich das Symbol anbringen?“ (Es können mehrere Stellen nötig sein.)
- Symbole anbringen/aufkleben.
- Nachtesten: „Wie ist die Elektrosmogbelastung jetzt?“ Ziel ist Grad 1, also ein optimaler Ausgleich.
- „Wie lange soll das Symbol hier angebracht bleiben?“
- Nach ein paar Monaten testen, ob das Ergebnis noch passt.

Elektrosmogbelastung am Tier testen:

→ Halten Sie die linke Hand an den Kopf des Tieres.
→ In der rechten Hand halten Sie die Einhandrute.
→ Fragen Sie: „Wie stark hat dieses Tier die Elektrosmogbelastung gespeichert (Grad 1 bis 8)?“
→ „Was soll mit dem Elektrosmogsymbol geschehen (unter den Wassernapf/Fressnapf legen; unter den Liegeplatz/die Decke des Tieres legen; mental auf Wasser/Futter übertragen; mental auf das Tier selbst übertragen, am Halsband oder Ähnlichem befestigen)?“
→ Symbole anbringen/aufkleben/hinlegen.
→ Nachtesten: „Wie ist die Elektrosmogbelastung beim Tier jetzt?“ Ziel ist Grad 1, also ein optimaler Ausgleich.
→ „Wie lange soll das Symbol hier bleiben?“

Testen Sie die Wirkung der Elektrosmogsymbole ab und zu nach. Es kann sein, dass sich die Situation nach einiger Zeit verändert hat und Sie vielleicht mehr oder weniger Symbole brauchen oder diese an anderer Stelle angebracht werden sollten.

Fallbeispiel: Unerklärlicher Durchfall bei Hund Lucy

Golden-Retriever-Hündin Lucy hatte seit längerer Zeit immer wiederkehrenden Durchfall. Mehrfache Tierarztbesuche brachten weder einen Befund noch eine Besserung, eine Behandlung mit homöopathischen Mitteln war nur jeweils kurzzeitig von Erfolg gekrönt. Die energetische Testung ergab eine Elektrosmogbelastung von Grad 7 durch den nahe gelegenen Handymast einerseits und durch das DECT-Telefon andererseits. Bei Lucy selbst zeigte sich die Elektrosmogbelastung mit Grad 5.
In Richtung des Handymastes wurde ein A4-Blatt mit dem Elektrosmogsymbol an die Wand der Wohnung geklebt. Lucy selbst bekam das Symbol für zwei Wochen unter den Wassernapf gelegt. Auf das Telefon wurden zwei kleine Elektrosmogsymbole geklebt. Lucys Zustand wurde von Tag zu Tag besser und ist bis heute stabil geblieben.

Roswitha Stark

Experiment:
Appell an die Imker zur Entlastung der Bienen!

Liebe Imker und Besitzer von Bienenvölkern,
die Autorinnen hatten bislang keine Gelegenheit, die Wirksamkeit des Elektrosmogsymbols bei Bienen auszuprobieren. Wir glauben aber, dass sich ein Versuch lohnen würde. Bitte testen Sie aus, wie stark der Bienenstock beziehungsweise Ihre Bienen von Elektrosmog belastet sind und bringen Sie die Elektrosmogzeichen direkt am oder unter dem Bienenstock an. Berichten Sie uns von Ihren Erfahrungen. Denn Menschen brauchen gesunde Bienen!

Herzlichen Dank!

Das optimale Futter

Wer einen Hund, eine Katze, ein Pferd, einen Hamster oder einen Vogel hält, will ihm selbstverständlich gesundes Futter bieten. Doch wer macht sich wirklich kundig, was das Tier von Natur aus an artgerechtem Futter benötigt? Statt auf Frischfleisch, Würmer, Insekten, Körner und Beeren greifen die meisten Tierhalter auf industriell hergestelltes Fertigfutter zurück. Das ist verständlich, weil es bequem ist, weil wir selbst auch immer weniger Zeit haben, uns gutes frisches Essen zuzubereiten. Und die Futtermittelindustrie gaukelt uns vor, dass in ihrem Dosenfutter „alles drin" sei, was das Tier braucht, und sogar noch mehr: Vitamine, Mineralstoffe und Spurenelemente.

Wenn wir aber nachforschen, was sonst noch alles enthalten ist, könnte uns schier das Grausen kommen: Geflügel-, Fisch- und Knochenmehl, hergestellt aus verendeten Tieren, aus Schnäbeln, Federn, Krallen und Hufen. Dazu kommen Medikamente, nicht abgebaute Hormone, ein viel zu hoher Anteil an Getreideabfällen, Konservierungsstoffe, Farbstoffe, unnötiger Zucker und vieles mehr. Wer die ekligen Details nachlesen möchte, kann auf einschlägige Literatur zurückgreifen.

Dazu kommt, dass die meisten Haustiere überfüttert sind und in der Relation dazu zu wenig Bewegung haben. Weil der Mensch genau wie für seine Kinder auch für seine Haustiere zu wenig Zeit hat, um ausgiebig zu toben und ihnen Auslauf zu verschaffen, füttert er zu viel. Im schlechtesten Fall gibt es Kekse und andere Süßigkeiten, weil er ein schlechtes Gewissen hat und dies (unbewusst) kompensieren will. Die Bitte um Aufmerksamkeit wird daher allzu oft als Betteln um Futter missverstanden.

Testung von Fertigfutter

- „Wie ist die Qualität dieses Futters generell?"
- „Wie ist die Zusammensetzung für das Tier geeignet?"
- „Wie verträglich sind die einzelnen Bestandteile (Deklarationsliste testen)?"
- „Wie ist die Menge pro Tag?"
- „Wie viel Prozent weniger/mehr Futter wäre optimal?"
- „Wie ist die derzeitige Häufigkeit der Fütterung?"
- „Wie oft am Tag füttern wäre optimal?"

Grundsätzlich kann Futter energetisch aufgewertet werden. Das sollte uns aber nicht davon entbinden, dem Tier von vornherein artgerechtes und hochwertiges Futter anzubieten.

Futter aufwerten mit Ypsilon

Testen Sie das Futter, zum Beispiel in der Dose. Malen Sie dann mit einem dicken Permanentstift zwei große, gegenüberliegende Ypsilone auf die Verpackung. Testen Sie noch einmal. Meist zeigt das Futter 1 bis 2 Grade besser an.

Futter aufwerten mit der Blume des Lebens

Testen Sie mit der Einhandrute die Verträglichkeit des Futters von Grad 1 bis 8. Stellen Sie das Futter auf das Symbol „Blume des Lebens". Testen Sie, welchen Grad das Futter nun anzeigt.

Futter aufwerten durch Segnen

Testen Sie den Grad des Futters von 1 bis 8. Halten Sie dann beide Hände mit geöffneten Handflächen an das Futter und denken Sie: „Hiermit segne ich dieses Futter." Warten Sie kurz ab und testen Sie dann erneut.

„Dass mir mein Hund das Liebste sei, sagst du, o Mensch, sei Sünde, mein Hund ist mir im Sturme treu, der Mensch nicht mal im Winde."

Franziskus von Assisi

Wie viel Bewegung braucht das Tier?

Für eine artgerechte gesunde Tierhaltung ist nicht nur die Auswahl des geeigneten Futters ein entscheidender Faktor, sondern vor allem auch, inwieweit wir dem natürlichen Bewegungsbedürfnis und dem Schlaf-/ Wachrhythmus des Tieres Genüge tun können. Würde man das optimale Maß an Bewegung bei Stalltieren oder Vögeln im Käfig testen, dann führte man uns vielleicht die Dimension der Perversion einer solchen Tierhaltung vor Augen. So spricht man zum Beispiel in der Massentierhaltung von „Faktorenkrankheiten": Das sind Krankheiten, die durch eine ungeeignete Haltung und Zucht der Tiere entstehen und den Boden bereiten für Infektionen aller Art, die ihren Weg auch zum Menschen finden, was das Beispiel BSE deutlich gezeigt hat. Auch das Beispiel der Vogelhaltung in engen Käfigen dürfte klarmachen, dass man dem Bedürfnis dieser Tiere nach ausreichend Bewegung niemals genügen kann. Vögel sind Tiere des Luftraumes, sie bilden Schwärme, machen Vogelzüge und lieben die Freiheit. Muss es wirklich ein Vogel sein, den wir als Haustier wählen?

Extreme Einschränkungen des Bewegungsraumes machen krank – und auch Faktoren, die den natürlichen Rhythmus des Tieres durcheinanderbringen. Nehmen wir als Beispiel den Hamster – ein beliebtes „Kinderspielzeug", das gerne zu Weihnachten verschenkt wird: Dem Bewegungsbedürfnis zuliebe wird ein Hamsterrad in den Käfig gestellt. Die quietschenden Geräusche des Laufrades stören oftmals, zumal der Hamster in der Nacht läuft – dann nämlich, wenn er wach ist, denn der Hamster ist ein Nachttier! Wird er, wenn er tagsüber in seinem Häuschen schläft, ständig aus dem Schlaf gerissen, bedeutet das für das Tier vor allem eines – Stress! Hamster sterben meist frühzeitig, was oft eine Folge dieser Stressbelastung ist.

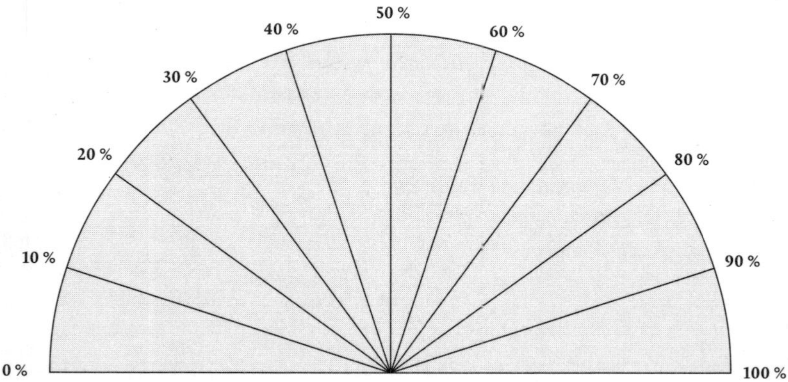

Anhand dieser Prozent-Tabelle können Sie testen, ob Ihr Tier genügend Bewegung hat.

Auch bei der Haltung von Wohnungskatzen oder Hunden wird meist dem natürlichen Bewegungsdrang der Tiere nicht genügend Platz eingeräumt. Wenn ein Tier schon nicht aus der Wohnung kann, braucht es zumindest zur Kompensation genügend Aufmerksamkeit und „Spielzeit".

Sie können mit der Einhandrute auf einer Prozent-Tabelle testen, ob Ihr Tier genügend Bewegung hat:

→ „Wie viel Prozent der optimalen Bewegung hat das Tier?"
→ im Ja-/Nein-System: mehr als 50 Prozent, weniger als 50 Prozent; mehr als 20 Prozent, weniger als 20 Prozent und so weiter ... ?
→ aus der Rutenbewegung heraus: Sie starten mit der Ja- oder Nein-Bewegung der Rute und bewegen dabei den linken Zeigefinger von 0 beginnend langsam Richtung 100 Prozent. Sie stoppen, wenn die Rute umschwingt. So viel oder so wenig Bewegung hat Ihr Tier im Augenblick.
→ „Wie ist das Verhältnis Futter/Bewegung (Grad 1 bis 8)?" Grad 1 wäre optimal. Entsprechend Futtermenge beziehungsweise Bewegung anpassen.

Ausgleich mit Symbolen auf der Ebene der Symptome und Organe

Wenn der Mensch krank ist, erkennen wir dies daran, dass wir Schmerzen haben, am Körper beobachten, dass etwas nicht stimmt (zum Beispiel bei einem Hautausschlag) oder dass wir uns sonstwie „unwohl“ fühlen.

Meist sprechen wir mit jemandem darüber. Um die Ursache zu finden, gehen wir zum Arzt, in der Hoffnung, uns möge ein Heilmittel gegeben werden, damit dieses Symptom verschwinde.

Anzeichen einer Krankheit beim Tier zu erkennen ist meist nicht so einfach. Tiere haben eine „andere“ Sprache als Menschen. Wir können versuchen, uns einzustimmen, damit wir verstehen, was dem Tier „fehlt“. Deshalb gibt es Ausbildungen, die sich „Tierkommunikation“ nennen – weil man seine Katze, seinen Hund, seinen Wellensittich oder seinen Zierfisch leider nicht einfach in der Menschensprache fragen kann: „Was fehlt dir denn?“

Eine sorgfältige Beobachtung des Tieres, seine Lautäußerungen, sein ungewohntes Verhalten oder sichtbare Symptome am Körper, wie zum Beispiel Durchfall, zeigen uns, dass etwas nicht stimmt. Der nächste Schritt ist meistens der Gang zum Tierarzt. Dazu möchten wir Ihnen an dieser Stelle auch raten. Verzögern Sie keine Behandlung, wenn es um akute oder unklare Symptomatiken geht.

Die meisten Menschen, die sich an einen Tierheilpraktiker wenden oder die in diesem Buch beschriebene Methode ausprobieren möchten, waren schon mehrfach beim Tierarzt oder haben die Diagnose „chronisch“ erhalten und möchten die tierärztliche Behandlung gerne aus ganzheitlicher Sicht unterstützen oder ergänzen.

Organ-Belastungen testen und harmonisieren

Oft lautet das Anliegen des Tierhalters so oder so ähnlich: *„Der Tierarzt hat festgestellt, dass die Niere meines Hundes nur noch zu 20 Prozent arbeitet und der Hund wahrscheinlich bald sterben muss. Könnten Sie noch mal nachschauen?"* Wir „schauen" dann mithilfe der Einhandrute, was der Organismus beziehungsweise das Schwingungsfeld des betroffenen Organs uns zu sagen hat.

Zunächst nehmen wir aber bitte einfühlsam mit dem Tier (und als Therapeut auch mit dem Tierhalter!) Kontakt auf, indem wir uns zum Beispiel in seine Nähe setzen, es sanft berühren (wenn es das mag!), mit ihm sprechen oder es nur einige Zeit anschauen.

Dann fragen Sie:

- „Wie geht es dem Organ, das die negative Diagnose hat (Grad 1 bis 8)?"
- „Macht es Sinn, einen Körbler'schen Strichcode direkt auf die betroffene Zone/das Organ aufzumalen?"

Wenn ja, malen Sie das dem getesteten Grad entsprechende Zeichen direkt auf die Körperstelle. Wenn das nicht geht, weil zum Beispiel das Fell des Tieres zu lang ist, können Sie ein (luftdurchlässiges) Pflaster auf der Innenseite bemalen und auf die Stelle kleben.

Soll nicht direkt auf das Tier gemalt werden, bereiten Sie eine Wasserübertragung vor, indem Sie das Symptom oder einfach nur das betroffene Organ mit darüber gemaltem Umkehrzeichen auf einen Zettel schreiben. Übertragen Sie mithilfe Ihrer Gedankenkraft die Information vom Zettel auf Wasser, Futter, Obst, Gemüse oder andere Dinge, die das Tier zu sich nimmt, damit die Heilinformation in den Organismus gelangt.

Alternativ können Sie den Zettel mit dem Zeichen unter den Platz, auf dem sich das Tier aufhält (zum Beispiel eine Decke), legen (mit der Rute abfragen, ob das sinnvoll ist).

Testen Sie danach, wie oft und wie lange (wie viele Tage) der jeweilige Vorgang wiederholt werden soll. Es kann sein, dass nach diesem Zeitraum ein anderes Zeichen benötigt wird, das Sie dann mit der Frage „Wie ist die Niere jetzt?" neu feststellen müssen. Die Zeichen können auch mit dem Finger, ohne Stift, nur mithilfe der Gedankenkraft in die Aura gemalt werden. Meist muss man das öfter wiederholen.

Fallbeispiel: Sinuszeichen gegen Rattengift

Die Katze von Karl hatte Rattengift erwischt. Sie hockte jammernd vor dem gefüllten Fressnapf, konnte aber vor lauter Schmerzen keinen Bissen hinunterbringen. Der Besitzer testete am Hals Grad 5 und „malte" mit dem Finger eine Sinuskurve dicht am Hals der Katze. Diesen Vorgang hielt er eine Viertelstunde durch, da er merkte, wie wohl das der Katze tat. Nach dieser Viertelstunde fraß die Katze „wie ein Scheunendrescher". Circa um zwei Uhr nachts fiel ihm auf, dass der Hals der Katze wieder schlechter wurde, und er malte weitere zehn Minuten das Sinuszeichen in die Aura, woraufhin es besser wurde und stabil blieb. *Karl Manstorfer*

Fallbeispiel: Erhöhter Schilddrüsenwert bei Hündin Ronja

Der Tierarzt stellte bei einer Blutuntersuchung einen stark erhöhten Schilddrüsenwert bei meiner Hündin Ronja fest. Bei Hunden kommt das sehr selten vor und gibt immer Anlass zur Sorge. Eine weitere Untersuchung eine Woche später sollte Klarheit bringen, wie hoch der Wert im Detail war. Jedoch nutzte ich diese Woche, um mit den Heilzeichen zu arbeiten (Thema: „Schilddrüsenüberfunktion"). Als das Ergebnis der speziellen Schilddrüsenuntersuchung aus dem Labor kam, stand der Tierarzt vor einem Rätsel, denn die Werte waren wieder völlig normal. *Angelika Lederer*

Fallbeispiel: Ziege Vroni

Unsere Ziege Vroni war sehr krank, hatte Schaum vor dem Mund, fraß nichts mehr und konnte nicht mehr aufstehen. Der Tierarzt wollte erst am nächsten Morgen kommen. Mein Sohn war verzweifelt und sagte: „Mama, kannst du da helfen? Bis morgen früh ist Vroni tot." Ich probierte es erst mit Schüßler-Salzen und Globuli, aber sie spuckte alles wieder aus. Dann malte ich eine Ziege und schrieb auf den Zettel „Das ist Vroni", testete den Belastungsgrad aus und malte auf den Bauchraum dreimal „1-Strich-Sinus" an verschiedenen Stellen direkt auf den Zettel. Nachts schaute ich nochmals nach ihr: Sie war aufgestanden und erbrach in hohem Bogen. So etwas habe ich noch nie bei einem Tier gesehen. Am Morgen weckte mich mein Mann und fragte, was ich mit Vroni gemacht habe. Ich dachte erst, sie sei gestorben. Aber Vroni stand vergnügt im Stall und fraß, es war ihr nichts mehr anzumerken. Es war wie ein Wunder! *Sigrid Pflaum*

Ypsilon – für alles, was abfließen soll

Das Zeichen Ypsilon ist ein weiteres, oft benötigtes Symbol für den Energieausgleich bei Mensch und Tier. Es ist besonders hilfreich bei Wasserstau oder Ödemen im Körper.

Das Ypsilon kann wie die anderen Zeichen direkt am Körper auf die betroffene Zone aufgemalt werden, wobei es hier besonders wichtig ist, mit der Rute abzufragen, in welche Richtung die Öffnung des Ypsilons zeigen soll! Das Ypsilon hilft, die gestaute Flüssigkeit aus dem Gewebe abzutransportieren. Sie können auch bei entzündeten Stellen oder Schwellungen abfragen, ob hier das Aufmalen des Y-Zeichens sinnvoll ist – oder alternativ etwa das Aufmalen eines Umkehrzeichens.

Außerhalb des direkten Bemalens am Tier selbst kann das Ypsilon dazu benutzt werden, mehr Energie in den Organismus des Lebewesens zu bringen. Zu diesem Zweck kann man es unter den Fressnapf, die Futterstelle, den Schlafplatz und an andere Orte legen.

Auch positive Affirmationen beziehungsweise stärkende Botschaften können mit dem Ypsilon aufgewertet werden. Diese Botschaften werden wiederum an einen guten, zuvor ausgetesteten Platz oder unter das Wasser oder das Futter gelegt. Es kann auch mental auf ein Trägermedium wie Wasser übertragen werden.

Was für Ideen auch immer Sie haben – denken Sie stets daran, Ihr Testinstrument, die Einhandrute, zu befragen, welche Idee Sinn macht. Denn zu viele Köche verderben bekanntlich den Brei – und zu viele Heilimpulse belasten die Selbstheilungskräfte des Organismus unnötig. Wie so oft gilt hier: Weniger ist mehr!

> *„Gut ist der Mensch nur, wenn ihm das Leben schlechthin, das der Pflanze und das des Tieres wie das des Menschen heilig ist und er sich ihm überall, wo es in Not ist, helfend hingibt."*
>
> **Albert Schweitzer**

Fallbeispiel: Übelkeit beim Autofahren

Ein Ehepaar hatte ein Haus in Südfrankreich, in dem es öfter mit dem Hund seinen Urlaub verbrachte. Der Hund war während der Fahrt dorthin jedoch stets derart ängstlich und angespannt, dass er versuchte, während der gesamten Autofahrt zu stehen. Auch war es notwendig, ab und zu anzuhalten, weil der Hund erbrechen musste. Die Testung mit der Einhandrute ergab sowohl für „Autofahren" als auch für „Übelkeit" Grad 7, also eine starke Belastung für das Tier. Es wurde ein Zettel formuliert mit den Worten „Autofahren" und „Übelkeit" (untereinander geschrieben). Die Worte wurden mit „2-Strich-Sinus" für Grad 7 übermalt und unter den Platz des Hundes gelegt. Der Zettel sollte vier Tage lang liegen bleiben. Dann wurde der Wert wieder gemessen, er war jetzt bei Grad 4, was vier parallelen Strichen entspricht. Die gleichen Wörter wurden mit vier senkrechten Strichen übermalt und für weitere drei Tage unter den Schlafplatz gelegt. Bei der nächsten Autofahrt konnte sich der Hund endlich im Auto hinlegen und musste auch in den Fahrtpausen nicht erbrechen. *Roswitha Stark*

Arbeit mit Sekreten

Sekrete, die Ausscheidungen des Körpers – etwa Eiter oder kleine Proben aus Nase, Mund, Darm oder Blut – enthalten die Information, was „falsch“ läuft. Bereits eine kleine Menge reicht für unsere Zwecke völlig aus. Sie können das Sekret in ein Papiertaschentuch wickeln, in einen Briefumschlag stecken oder in ein Plastiktütchen geben. Entscheidend ist, dass Sie beim Testen nur an den Inhalt denken!

Fragen Sie:

- „Mit welchem Grad (1 bis 8) testet diese Probe?“
- Das Zeichen für den gemessenen Grad schreiben Sie direkt auf Taschentuch oder Tütchen (Permanentstift).
- „Soll ich eine Wasser-/Futterübertagung machen?“
- „Wie oft soll ich das wiederholen?“
- Später: „Brauche ich noch ein anderes Zeichen?“ Dieses malen Sie auf eine neue Probe.
- „Soll ich die Probe direkt auf das Tier einschwingen, also mit Gedankenkraft auf das Tier übertragen?“

Probe in Briefumschlag geben, getestetes Zeichen darauf malen und auf Wasser übertragen.

Testung von begleitenden Medikamenten und Hilfsmitteln

Es kann sinnvoll sein, die Arbeit und den Energieausgleich durch Zeichen und Symbole mit pflanzlichen, homöopathischen oder spagyrischen Heilmitteln zu begleiten. Oder natürlich auch umgekehrt: Wenn das Tier Medikamente bekommt, können wir den Heilungsprozess mit Zeichen unterstützen. Auch die sinnvolle Dosierung kann mit einiger Übung und Sicherheit mit der Einhandrute abgefragt werden. Bitte setzen Sie jedoch ärztlich verordnete Medikamente nicht plötzlich ab; am besten suchen Sie sich einen Tierarzt, mit dem Sie gut und vernünftig reden können und der auch ganzheitlichen Ansätzen gegenüber aufgeschlossen ist.

Mit der Begleitung durch Bachblüten haben die Autorinnen gute Erfahrungen gemacht. Für Ihre eigene Mitteltestung können Sie die Listen im Anhang (zu Bachblüten, Schüßler-Salzen, Homöopathie) als Hilfestellung benutzen. Testen Sie immer die optimale Dosierung: „Wie viel mg ... ?“, „Wie oft am Tag ... ?“, „Wie viele Tage/Wochen... ?“ Testen Sie vor der Einnahme die Aktivität des erkrankten Organs in Prozent – zum Beispiel Tätigkeit der Leber vor Einnahme 60 Prozent und nach Ende der Einnahmezeit 75 Prozent. So haben Sie einen Überblick über die Wirksamkeit dieser Mittel.

Medikamente und Impfungen ausleiten

Die Diskussion um den Sinn von chemischen Medikamenten und Impfungen spaltet Tierhalter genau wie „normale“ Menschen in zwei Lager: Die einen impfen aus Angst und Gewohnheit, die anderen fürchten die Nebenwirkungen von

Impfungen. Fakt ist, dass Impfstoffe und deren Zusatzstoffe wie chemische Medikamente zu behandeln sind. Sie sind dem lebenden Organismus „fremd". Energetisch betrachtet sind sie oft bei Tieren wie auch bei Menschen ein „Vergiftungsthema", das heißt, meistens testen sie unverträglich. Sie können mit den Körbler'schen Umkehrzeichen von Grad 4 bis 8 auf die bekannte Art und Weise ausgeleitet werden. Statt auf Wasser kann man die Information je nach Tierart auch auf wasserhaltiges Futter übertragen, zum Beispiel bei Pferden auf Karotten oder Äpfel, bei Katzen und Hunden auf Nassfutter, bei Nagern auf Löwenzahn, Salat und so weiter.

Die meisten jährlichen Wiederholungsimpfungen bei Haustieren sind sogar schulmedizinisch-wissenschaftlich unhaltbar. Es gibt neue offizielle Impfempfehlungen des deutschen Tierarztverbandes BPT. Darin werden für Hunde nur noch dreijährige Impfabstände für Staupe- und Parvo-Nachimpfung empfohlen. Hepatitis soll nach der Grundimmunisierung der Welpen/Jungtiere gar nicht mehr nachgeimpft werden, Impfungen gegen Zwingerhusten sollen je nach Bedarf gegeben werden. Aber wie oft würden wohl Tierhalter

Fallbeispiel: Beschwerden nach Impfung

Katze Flocke konnte als junges Kätzchen in zwei aufeinanderfolgenden Jahren jedes Mal nach der Impfung von FIP, Katzenseuche und Katzenschnupfen fast nicht mehr laufen. Sie schlich nur noch vorsichtig herum, als würde ihr der ganze Körper wehtun. Dieser Zustand hielt jeweils mehrere Tage an und war eindeutig der Impfung zuzuschreiben. Seitdem Flocke nicht mehr geimpft wird, geht es ihr hervorragend. Sie ist jetzt 14 Jahre alt. *Roswitha Stark*

zum Tierarzt gehen, wenn kaum noch Impfungen vorzunehmen wären? Das Geschäft mit den Impfungen ist ein Geschäft mit der Angst vor Krankheiten.

Als dieses Buch in Arbeit war, gingen gerade viele Biobauern auf die Straße, weil sie ihre Rinder nicht der gesetzlichen Impfpflicht gegen die Blauzungenkrankheit aussetzen wollten. Der Impfstoff war noch nicht einmal auf Nebenwirkungen hin getestet und enthielt den quecksilberhaltigen Zusatzstoff Thiomersal. Über den Verzehr des Fleisches gelangt dieser Stoff in den menschlichen Organismus. Den Verweigerern drohten Bußgelder von bis zu 25.000 Euro.

Unter www.impfkritik.de, einem unabhängigen Forum für Informationen rund ums Impfen, finden Sie aktuelle Berichte und Untersuchungsergebnisse, mit denen Sie sich selbst ein Bild zur Problematik des Impfens machen können:

„Was enthält so ein Impfcocktail außer dem Wirkstoff noch so alles? Da wären Formaldehyd (in Holzschutzmitteln schon lange verboten), Thiomersal (eine hochgiftige Quecksilberverbindung), Antibiotika, Fungizide, Bakterizide, Aluminiumhydroxid (allergieauslösend) etc. Der eigentliche Hammer, die Viren, gegen die geimpft wird, gibt es überhaupt nicht, nachzulesen im Buch: ‚Impfen – Völkermord im Dritten Jahrtausend?'. Dipl.-Biol. Dr. rer. nat. Stefan Lanka, Molekularbiologe und Virusentdecker, verlangt schon seit über sechs Jahren den elektronenmikroskopischen Beweis von der Impflobby, der bis heute noch nicht erbracht wurde!" (www.impfkritik.de).

Der „Schutz" durch die Impfung besteht nicht nur aus Antikörpern. Es bilden sich vielmehr auch Gedächtniszellen (Zellen des Immunsystems, die für das immunologische Gedächtnis verantwortlich sind), die sehr lange vorhalten, die aber durch normale Labortests nicht bestimmt werden können. Dreijährliche Nachimpfungen sind ebenso willkürlich wie jährliche

Impfungen. Menschen werden nicht alle drei Jahre mit Viruslebendimpfstoffen traktiert, und es gibt keinen Beleg dafür, dass das bei Tieren notwendig wäre.

Die meisten Tierärzte bestehen jedoch nach wie vor auf der jährlichen Wiederholung aller Impfungen. Aus Langzeit-Impftitermessungen weiß man, dass bei diesen Impfungen der Schutz auch nach drei Jahren nicht abbricht!

Konkrete Ausleitung

Mit der Körbler'schen Strichcode-Methode können wir unverträgliche Medikamente und Impfungen ausleiten:

Vorgehensweise zur Ausleitung von Impfungen:
- → Impfungen, die das Tier laut Impfpass oder Information des Tierhalters erhalten hat, von Grad 1 bis 8 testen
- → Name der Impfung auf ein Blatt schreiben (vorher optimale Farbe des Papiers testen)
- → Getestetes Umkehrzeichen darüber schreiben
- → Auf geeignetes Trägermedium übertragen, zum Beispiel auf Wasser, Nassfutter, Obst usw.; oder dem Tier unter den Wassernapf/Fressnapf legen (testen, ob das sinnvoll ist)
- → Zeitdauer beziehungsweise Wiederholung testen
- → Testen, welches Zeichen eventuell danach mit dem gleichen Wort gemalt werden soll

Nach dem gleichen Schema leiten Sie auch unverträgliche Medikamente aus:
- → Klären, welche Medikamente das Tier einnimmt/eingenommen hat
- → „Wie ist das Medikament (Grad 1 bis 8)?“
- → Ab Grad 5 wie oben ausleiten

Parasiten fernhalten

Die gleiche übertriebene Sorge wie um die meist überflüssigen Impfungen treibt viele Menschen auch bezüglich möglicher Parasiten um. Regelmäßig, meist zweimal im Jahr, werden „vorbeugend" und oft ohne Hinterfragung des Sinns nebenwirkungsreiche Antipilz- und Antiwurmmittel verabreicht, die das natürliche Immunsystem der Tiere herunterfahren (so wie sie es auch beim Menschen tun). So wird etwa das Darmmilieu einer Katze bei einer Entwurmungskur stark geschädigt, und die Katze reagiert in den meisten Fällen darauf mit Durchfall.

Bitte beachten Sie, dass das Tier von sich aus anzeigt, wenn es von Parasiten befallen ist, indem es sich zum Beispiel kratzt oder wunde Stellen am Körper hat – dann können wir immer noch früh genug reagieren. Das Bedürfnis nach ständiger „Vorbeugung" hat wohl eher mit dem Ekelgefühl oder der Angst vor Ansteckung aufseiten des Tierhalters zu tun. Die wichtigste Regel bei Parasitenbefall lautet: Ruhe bewahren!

Dann leiten Sie wie folgt aus:

- Entweder mit dem allgemeinen Begriff „Parasiten", den Sie mit dem getesteten Umkehrzeichen auf einen (farbigen) Zettel schreiben,
- oder mit dem Begriff „Endoparasit" (innerlicher Parasit) oder „Ektoparasit" (äußerlicher Parasit, zum Beispiel im Fell).
- Gegebenenfalls können Sie den Parasiten mithilfe eines Fachbuchs bestimmen; zum Beispiel „Flöhe", „Milben", „Zecken", „Würmer" beziehungsweise genauere Begriffe, was aber meist nicht notwendig ist.

Wir versuchen es in der Regel zuerst mit dem allgemeinen Begriff „Parasiten“:

- → Farbe des Zettels auswählen
- → Begriff „Parasiten“ auf den Zettel schreiben
- → Den Grad abfragen: „Wie ist Parasit?“
- → Getestetes Umkehrzeichen darüber malen
- → Fragen: „Soll ich es für mein Tier auf Wasser/Futter übertragen?“ – oder: „Reicht es aus, wenn ich den Zettel unter den Wasser-/Futternapf lege?“
- → Testen: „Wie lange/oft ... ?“
- → Nach dieser Zeit nachtesten, ob noch ein weiteres Zeichen notwendig ist

Fallbeispiel: Kater „Bär“ kratzt sich

Der Kater namens „Bär“ kratzte sich auffällig immer wieder am Ohr, bis er eine offene Wunde bekam. Der Verdacht auf Parasitenbefall lag nahe. Ohne die Art des Parasiten näher zu bestimmen, wurde mit dem Tensor der Belastungsgrad abgefragt: Grad 7. Auf einen gelben Zettel (Farbe wurde vorher getestet) wurde das Wort „Parasiten“ geschrieben, darüber „2-Strich-Sinus“ gemalt. Der Zettel wurde drei Tage lang unter den Fressnapf gelegt. Nach den drei Tagen zeigte sich noch ein Belastungsgrad von 4, woraufhin ein neuer Zettel mit „Parasiten“ und vier darüber gemalten senkrechten Strichen für weitere zwei Tage unter den Napf gelegt wurde. Inzwischen hatte sich ein Schorf auf der Wunde gebildet und der Kater kratzte sich nicht mehr. Erst später fiel der Besitzerin auf, dass sie keine Zecken mehr entfernen musste wie sonst vielfach in jedem Sommer. Das Wort „Parasiten“ hatte auch die Zecken ferngehalten. *Roswitha Stark*

Zeckenschutz

Wenn Ihr Tier auffällig oft von Zecken befallen wird, ist es sinnvoll, ab und an zu testen, wie der Grad des Themas „Zecken" ist, indem Sie mit der linken Hand über dem Tier fragen: „Wie ist das Thema Zecken?"

Ab Grad 5 empfiehlt es sich, einen Zettel mit dem Wort „Zecken" und dem getesteten Umkehrzeichen zu schreiben und unter den Fress- oder Wassernapf zu legen. Fragen Sie ab, wie lange der Zettel dort liegen bleiben soll. Die meisten Menschen, die sich mit Neuer Homöopathie beschäftigen, haben mit diesem Vorgehen gute Erfahrungen gemacht. Auch wenn manchmal die Zecken nicht vollständig wegblieben, so ließen sie sich doch deutlich reduzieren. Sie können auch Wasser mit dem Zettel informieren. Dieses Wasser streichen oder sprühen Sie ins Fell des Tieres ein oder/und legen den Zettel unter den Schlafplatz des Tieres.

Das Fernhalten beziehungsweise Entfernen von anderen Parasiten, wie zum Beispiel Würmern, geschieht auf die gleiche Weise. Übrigens können auch Antiwurmmittel schädliche Schwingungen hinterlassen, was unter Umständen eine Ausleitung notwendig macht. Dies geschieht auf die gleiche Weise, wie es bei der Ausleitung von Medikamenten und Impfungen beschrieben wird.

Die energetische Ebene der Meridiane

Wie der Mensch, so hat auch das Tier neben der Ebene der physisch-materiellen Organsysteme ein Energiesystem, das im Fluss sein muss, damit Krankheiten mittel- und langfristig vermieden werden können: die Ebene der Meridiane. Auf der energetischen Ebene werden die Energieflüsse der Meridiane des Tieres zur Therapie verwendet. Die durch Meridianblockaden gestauten Energien werden abgeleitet, wovon auch die daran gekoppelten Organe und Drüsen profitieren können. Durch den Meridianausgleich mit Körbler'schen Zeichen wird einerseits überschüssige, gestaute Energie zum Fließen gebracht, andererseits fehlende Energie ergänzt und dadurch ein Gleichgewicht im energetischen System wiederhergestellt.

Die Meridiane laufen immer paarweise und sind Informationsbahnen. Sie sind ein Netzwerk, das den Körper überwacht und über das Signale verschickt werden. Ist ein Organ krank, so ist immer ein Zuviel oder Zuwenig an Energie in dem korrespondierenden Meridian vorhanden. Dafür gibt es Gründe auf der Ursachenebene und es ist immer sinnvoll, nicht nur die entstandene Störung zu behandeln, sondern die dahinterliegende Information aufzuspüren und sich bewusst zu machen, „was los ist".

Geschieht eine Bewusstwerdung, setzen augenblicklich die Selbstheilungskräfte ein und die Störungen können beseitigt oder zumindest gelindert werden.

Praktisch: Es muss nicht „genadelt" werden wie bei der klassischen Akupunktur; wir sprechen von der sogenannten Strichakupunktur.

Die Arbeit an den Meridianen der Tiere kann sehr gut als „Erste-Hilfe-Maßnahme" eingesetzt werden. Durch das Aufbringen von Zeichen im betroffenen Gebiet wird der Ener-

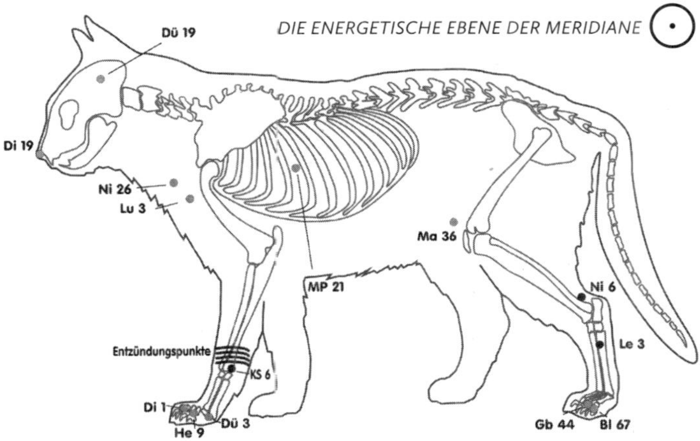

Auch bei Haustieren gibt es dokumentierte Meridianverläufe.

giefluss in der entsprechenden Meridianbahn harmonisiert, wodurch Informationen wieder an das Gesamtsystem – in erster Linie über das Gehirn – weitergegeben werden und Reaktionen erfolgen können.

Es entsteht eine Aktivierung des Gesamtsystems Tier und damit eine höhere Aufnahmebereitschaft für weitere therapeutische Interventionen.

Eine Meridianbehandlung alleine reicht meist noch nicht aus, um eine wirkliche „Heilung" zu vollbringen, da hierfür auch eine Lösung auf der Ebene der dahinterliegenden Konflikte gefunden werden muss. Es entsteht aber schon oft eine wesentliche Besserung. Allerdings können wir über die Meridiane und deren Störungen sehr klar erkennen, welches inhaltliche Thema verborgen ist und an das Licht des Bewusstseins dringen will.

Das scheint beim Thema Mensch ja einigermaßen nachvollziehbar zu sein. Jedoch auch bei Pferd, Hund oder Katze? Ja, auch Tiere haben ihre eigenen Probleme, hinter denen Konflikte stehen, die gelöst werden müssen!

Nach unseren Erfahrungen sind es in den meisten Fällen nicht die Probleme der Tiere, sondern diejenigen der Bezugspersonen, die die Energiesysteme ihrer Tiere blockieren. Gerade die Haustiere und auch die Pferde, die einen sehr engen Bezug zum Menschen haben, müssen leider oft als seelische „Mülleimer" herhalten. Dabei ist zu beachten, dass einige Tiere das freiwillig für ihre Besitzer tun. Dies ändert jedoch nichts an der Tatsache, dass Probleme abgegeben werden und die Tiere nur die Themen der Bezugspersonen freiwillig oder auch unfreiwillig übernehmen.

Daher ist die alte Frage des Hausarztes – „Was fehlt UNS denn?" – hier sehr berechtigt, denn was unserem Tier fehlt oder woran es erkrankt ist, ist genau das Thema, das wir als Bezugsperson mit unserem Tier lösen können, da es auch unser Problem ist.

Daher ist wichtig zu wissen: Jeder Strich, den wir am Meridian unseres Tieres anbringen, kann auch in der Bezugsperson eine Reaktion auslösen, sofern diese das ungelöste Krankheitsthema quasi auf das Tier „übertragen" hat.

Anders als beim Einsatz von Akupunkturnadeln müssen wir beim Meridianausgleich mit Zeichen nicht wissen, wo Unter- und wo Überenergie herrscht. Die Umkehrzeichen gleichen hier von selbst „intelligent" aus; nur müssen wir testen, welches Zeichen wo aufgemalt werden soll.

Und wie bei allen Testungen gilt natürlich auch beim Meridianausgleich: Bitte testen Sie den Zeitraum aus, wie lange die Zeichen auf den Meridianpunkten verbleiben sollen.

„Wer mit Pferden arbeitet, sie liebt, sie reitet
und noch nie eine Träne verloren hat,
der hat noch nie die Seele eines Pferdes gesehen."

Unbekannt

Möglichkeiten des Meridianausgleichs am Tier

Mit der Einhandrute werden die Meridiane an den Messpunkten (siehe Tabellen im Anhang, Seite 180ff.) getestet, indem der linke Zeigefinger leicht den Punkt am Tier berührt und wir abwarten, welchen Ausschlag die Einhandrute anzeigt. Fragen Sie: „Wie ist der Grad dieses Punktes?“ Ab Grad 5 malen Sie das Heilsymbol direkt an den Akupunkturpunkten auf das Fell. Das geht bei Pferden sehr gut mit sogenannten Viehstiften oder mit Fingermalfarben. Testen Sie anschließend, wie lange das Zeichen auf dem Punkt verbleiben soll.

Sie können sich auch mit Abbildungen von Meridianverläufen oder Akupunkturpunkten bei Tieren aus dem Internet oder aus Büchern behelfen, indem Sie jeweils abfragen: „Welche Punkte soll ich hier benutzen/anmalen?“ Pferd, Hund und Katze siehe Anhang, Seite 180ff.

Bei Kleintieren wie Hunden und Katzen ist die Methode des direkten Aufmalens in der Praxis oft nicht anwendbar. In diesen Fällen kann dem Tier die Information mittels Übertragung auf Wasser gegeben werden, oder sie kann auf einem Foto des Tieres stellvertretend eingezeichnet werden.

Eine weitere sehr gute Möglichkeit ist die Direktübertragung. Sie schreiben auf einen Zettel den Namen des Meridians und übermalen dieses Wort mit dem ausgeruteten Zeichen. Anschließend testen Sie, wie oft und wie lange täglich diese Information übertragen werden soll. Nehmen Sie den Zettel in die linke Hand und schauen Sie einige Minuten darauf. Gleichzeitig legen Sie die rechte Hand auf das Tier und stellen sich bildlich vor, wie die Botschaft auf dem Zettel in

Ist das Tier nicht anwesend, können wir mit einem Foto arbeiten.

Ihr Tier hineinfließt. Dadurch übertragen Sie die Information direkt auf das System des Tieres. Diese Methode ist eine der wirkungsvollsten, da die Information direkt durch Ihr System übertragen wird. So erhalten auch Sie diese Information und werden automatisch mitbehandelt.

Falls Sie die rechte Hand nicht direkt ans Tier legen können, weil es zum Beispiel zu klein, zu scheu oder in einem Käfig ist, halten Sie die Hand in die Richtung des Tieres, also vielleicht vor den Käfig (aber bitte ohne das Tier zu erschrecken). Ist das Tier gar nicht anwesend, funktioniert der ganze Vorgang sogar mit einem Foto als Stellvertreter: Halten Sie die rechte Hand über das Bild, und lassen Sie die Information „hineinfließen". Denken Sie daran: Ihr Bewusstsein ist der Chef und genau das, was Sie sich vorstellen, kommt in Gang.

Übrigens: Blockaden im Energiefluss des Tieres locken auch blutsaugende Tiere wie Mücken, Bremsen oder Zecken speziell an diese Stellen. Fragen Sie genau an dieser Stelle nach, ob hier ein Energiestau besteht und eventuell lokal ein Umkehrzeichen benötigt wird.

Weitere Möglichkeiten des Meridianausgleichs

Mithilfe der abgebildeten Listen im Anhang (Seite 180 ff.) kann getestet werden, welcher Meridian einen Ausgleich braucht:

- → Im Ja-/Nein-System oder mit der „Wie"-Frage von Grad 1 bis 8 testen
- → Meridian am Tier suchen: Eine Abweichung von max. 2 cm rund um den Akupunkturpunkt ist tolerabel. Am Tier im Zweifelsfall fragen: „Ist es hier in Ordnung?"
- → Das gemessene Umkehrzeichen aufmalen oder – wenn das nicht geht (zum Beispiel wenn das Fell zu lang ist) – mit dem Finger und der Gedankenkraft in die Aura „schreiben"
- → Bemalung direkt am Tier, zum Beispiel mit Fingerfarben
- → Bemalung stellvertretend auf dem Blatt Papier (Foto oder den Namen des Tieres darüber schreiben)
- → Oder: Auf einen Zettel den Namen des Meridians schreiben und darüber das Umkehrzeichen malen; dann Zettel vor den Akupunkturpunkt halten und mit der Rute rechtsdrehend einschwingen, bis die Rute in die Bewegung von Grad 1 übergeht; danach fragen „Wie ist es jetzt?": Es muss Grad 1 anzeigen.
- → Oder: Einen Zettel mit dem Wortlaut „Meridian XY ausgleichen" schreiben und darüber Y malen und in die Aura einschwingen; warten, bis der Tensor Grad 1 anzeigt.

Die wichtigsten Meridiane und ihre Funktionen

Die Sprache der Meridiane und deren Funktion auf körperlicher, seelischer und energetischer Ebene entspricht beim Tier im Wesentlichen der des Menschen – alle lebenden Organismen sind hier ähnlich zu betrachten. Alle Meridiane hängen miteinander zusammen, wenn auch von Zeit zu Zeit einer oder mehrere stärker gestört sind. Die Funktionen der Meridiane sind in vielen Büchern der Traditionellen Chinesischen Medizin ausführlich beschrieben. An dieser Stelle kann nur ein kurzer Abriss gegeben werden.

Der interessanteste Aspekt beim Tier ist sicherlich, dass ein blockierter Meridian meistens gleichzeitig auf eine ähnliche Blockade beim Tierhalter hinweist. Deshalb sind die unten genannten Stichpunkte zu den häufigsten Konflikten immer auch als Hinweise in Richtung des Tierhalters zu verstehen.

Lungenmeridian

Die Lunge ist das Organ des Sauerstoffaustausches sowie des Aufnehmens und Abgebens der Energie der Luft. Im übertragenen Sinne ist die Lunge das Organ des „Austausches" im Sinne einer harmonischen Kommunikation des Gebens und Nehmens.

Ist die Kommunikation gestört, vielleicht durch Angst, kann sich dies in Form von Krankheiten des gesamten Atemtraktes äußern (zum Beispiel Husten, Erkältungen, Atemnot, Asthma und anderes). Die Lunge hängt aber auch mit der Haut beziehungsweise dem Fellwachstum zusammen. So kann also ein schlechtes Haarkleid auf ein Problem des Lungenmeridians hinweisen.

- Häufige Konflikte: (Todes-)Angst-Konflikt
- Integrationsthema: Chronischer Kummer
- Fragestellungen für den Tierhalter:
  - Haben oder hatten WIR (mein Tier und ich) (Todes-) Angst?
  - Halte ich/Halten wir an einer nicht bewältigten Trennung fest?
  - Bin ich/Sind wir voller Trauer?
  - Bin ich/Sind wir unfrei, enttäuscht, verzweifelt und isoliert?
  - Habe ich/Haben wir keine Lebenslust oder keine Daseinsberechtigung?
  - Bleibt mir/uns vor Schreck die Luft weg?

Dickdarmmeridian

Der Dickdarm ist ein wichtiges Ausscheidungsorgan für Stoffwechselendprodukte und Gifte. Es ist das Organ des „Loslassens“ von Dingen, die wir für unsere Weiterentwicklung nicht mehr benötigen. Zu Vieles ist Ballast im körperlichen und seelischen Sinne! Wenn die Funktion des Dickdarms blockiert ist, wählt der Organismus im Notfall eine Umleitung über die Lungen oder über die Haut, auch über die Schleimhäute. Bei Erkrankungen der Lunge, bei Hautkrankheiten (Ekzemen) oder Erkrankungen der Nasenschleimhäute (Schnupfen, Niesen) sollte immer auch der Dickdarmmeridian getestet werden.

- Häufige Konflikte: Unverdaulicher Ärger
- Integrationsthema: Dogmatismus
- Fragestellungen für den Tierhalter:
  - Haben wir (mein Tier und ich) zurzeit großen Ärger?
  - Halte ich/Halten wir an etwas dogmatisch fest?

- Bin ich/Sind wir überkontrolliert oder selbst kontrollierend?
- Bin ich/Sind wir zynisch, zu perfektionistisch und pedantisch?
- Habe ich/Haben wir Überlebensangst und bin/sind zwanghaft?
- Bin ich/Sind wir geizig und kann/können nicht loslassen und bin/sind besitzergreifend?

Magenmeridian

Der Magen bildet gemeinsam mit der Milz den Ursprung des Chi, der Lebensenergie. Im Magen wird das Futter aufbereitet. Außer im Zusammenhang mit Verdauungsproblemen wie zum Beispiel Übelkeit und Erbrechen können sich Themen des Magenmeridians auch als Beschwerden der Knochen, Sehnen oder Gelenke zeigen, etwa als Hüftprobleme oder Arthritis in den Knien. Dem Magenmeridian wird außerdem das „Verdauen" von Eindrücken im energetischen Sinn zugeordnet.

- Häufige Konflikte: „Geschluckter Brocken"
- Integrationsthema: Nicht-Mögen
- Fragestellungen für den Tierhalter:
  - Haben wir (mein Tier und ich) etwas nicht verarbeiten können?
  - Habe ich/Haben wir einen gebrochenen Willen?
  - Habe ich/Haben wir gegen etwas eine Abneigung und fühle mich/fühlen uns überfordert?
  - Fühle ich mich/Fühlen wir uns überlastet, machtlos und lustlos?
  - Habe ich/Haben wir Hass, Gier und Groll in uns?

Milz-Pankreas-Meridian

Die Milz wird auch als die „Mutter der Säfte“ bezeichnet, da sie die Umwandlung und Verteilung der Körperflüssigkeiten steuert. Bei Funktionsstörungen kann es zu Flüssigkeitsstau wie zum Beispiel Ödemen kommen. Eine Schwäche des Milz-Pankreas-Meridians hat eine schlechte Futterverwertung sowie Verdauungsprobleme zur Folge. Auch Störungen der Muskeln, Bindegewebsschwäche oder Schleimansammlungen in Lunge und Geweben können ihre Ursache in einem gestörten Verlauf dieses Meridians haben.

- Häufige Konflikte: Benachteiligungs-, Ärgerkonflikt
- Integrationsthema: Niedriges Selbstwertgefühl
- Fragestellungen für den Tierhalter:
  - Haben wir zurzeit ein niedriges Selbstwertgefühl?
  - Kann ich mich/Können wir uns nicht abgrenzen?
  - Lebe ich/Leben wir durch andere und bin/sind abhängig und freudlos?
  - Kann ich mich/Können wir uns nicht von jemandem trennen?
  - Habe ich/Haben wir den Hang zur Selbstbestrafung?
  - Habe ich/Haben wir zurzeit einen finanziellen Verlust?
  - Habe ich mich/Haben wir uns vor etwas geekelt oder Angst gehabt?

Herzmeridian

Das Herz gilt als das zentrale Organ. Es steuert den Blutkreislauf und die Blutmenge im Körper sowie die Blutgefäße. Das Herz ist Träger der seelischen und gefühlsmäßigen Äußerungen eines Tieres. Eine Störung der Herzenergie kann sich auch in Reaktionen wie Unruhe oder Schwitzen äußern.

Weitere Beschwerden können sein: Herzbeschwerden, Kreislaufschwäche, Angstzustände, Schlaflosigkeit, Unsicherheit, Erschöpfung, Blässe, Kurzatmigkeit, Nachtschweiß, Müdigkeit.

- Häufige Konflikte: Bewältigungskonflikt
- Integrationsthema: Angst vor Freude
- Fragestellungen für den Tierhalter:
    - Fühle ich mich/Fühlen wir uns zurzeit betrogen und verlassen?
    - Sind wir zurzeit stur und unnachgiebig?
    - Fühle ich mich/Fühlen wir uns zurzeit eingeengt und ausgenutzt?
    - Bin ich/Sind wir hartherzig und verschlossen?
    - Bin ich/Sind wir freudlos?

Dünndarmmeridian

Der Dünndarm trennt das aufgenommene Futter in verwertbare und nicht verwertbare Bestandteile. Im energetisch übertragenen Sinne geschieht hier die Unterscheidung: „Was kann ich an Eindrücken aus der Umgebung gebrauchen? Was ist mir zu viel und muss wieder ausgeschieden werden, bevor es mich krank macht?" Eine gestörte Energie dieses Meridians kann neben Verdauungsproblemen wie zum Beispiel Durchfall zu Entzündungen der Schleimhäute oder Hauterkrankungen führen. Unreine Haut oder unschönes Fell ist oft eine Folge von Ausleitungsstörungen über den Dünndarmmeridian.

- Häufige Konflikte: „Unverdaulicher Brocken"
- Integrationsthema: Sich verloren und einsam fühlen

- Fragestellungen für den Tierhalter:
  - Haben wir einen Mangel an Nähe und Wärme?
  - Fehlt mir/Fehlen uns Geborgenheit und Kontakt?
  - Fühle ich mich/Fühlen wir uns verlassen und verstoßen?
  - Habe ich/Haben wir Angst zu verhungern (real und seelisch)?
  - Habe ich/Haben wir ein dunkles Geheimnis?
  - Bin ich/Sind wir am Rande des Nervenzusammenbruchs?

Blasenmeridian

Der Blasenmeridian verläuft beidseitig der Wirbelsäule und besitzt energetische Übergänge zu allen anderen Meridianen. Eine Blockade dieses Energiesystems kann zur Beeinträchtigung der Funktion des gesamten Körpers führen. Bei Funktionsstörungen kann es zu Inkontinenz oder Blasenentzündung kommen. Da dieser Meridian stark beanspruchte Bereiche wie Genick, Rücken und Hinterbeine kreuzt, werden auch viele Blockaden in diesen Bereichen durch eine Störung im Energiefluss dieses Meridians hervorgerufen.

- Häufige Konflikte: Reviergrenzkonflikt
- Integrationsthema: Scham
- Fragestellungen für den Tierhalter:
  - Haben wir zurzeit einen Abgrenzungskonflikt?
  - Habe ich/Haben wir Angst, auf eigenen Füßen zu stehen?
  - Fühle ich mich/Fühlen wir uns verletzt und beleidigt?
  - Bin ich/Sind wir ungeduldig und anschuldigend?
  - Habe ich/Haben wir einen gelähmten Willen und bin/sind gleichgültig?
  - Bin ich/Sind wir voller Selbstmitleid?

Nierenmeridian

Die Nieren speichern die Lebensenergie, die von den Eltern vererbt wurde. Insofern steuern sie von Anfang an eine gesunde Entwicklung des Tieres. Die Nieren beeinflussen das Wachstum des jungen Tieres und sein gesundes sowie selbstbewusstes Heranreifen zu einem fortpflanzungsfähigen Tier. Der sexuelle Reifungsprozess, die Fortpflanzungsfähigkeit und ein gesundes Altern werden von der Energie des Nierenmeridians entscheidend mit beeinflusst.

Ausdruck von geschwächter Nierenenergie sind ein gestörter Flüssigkeitshaushalt, mangelnde Körperwärme, Probleme in der Schwangerschaft oder im Austragen von Jungtieren, aber auch Anfälligkeiten aller Art wie häufige Erkältungskrankheiten und chronischer Husten. Die Niere hat auch einen Bezug zum Ohr (Schwerhörigkeit) und zu den Knochen. Wird ein Tier zu früh von der Mutter weggenommen, ist es wahrscheinlicher, dass das Nieren-Chi nicht so stabil ist und der Angst-Faktor im Leben immer wieder eine Rolle spielt.

Nach Lehre der Organuhr deuten insbesondere Beschwerden, die zwischen 17 und 19 Uhr auftreten – wie etwa Husten oder Unruhezustände –, auf den Nierenmeridian hin.

- → Häufige Konflikte: „Mutterseelenalleingelassen"-Konflikt
- → Integrationsthema: Angst
- → Fragestellungen für den Tierhalter:
  - → Geht uns (meinem Tier und mir) zurzeit etwas „an die Nieren"?
  - → Bin ich/Sind wir unmotiviert?
  - → Bin ich/Sind wir richtungslos und demoralisiert?
  - → Bin ich/Sind wir enttäuscht und machtlos?
  - → Habe ich/Haben wir einen gelähmten Willen?
  - → Bin ich/Sind wir egoistisch?

Kreislauf-Sexus-Meridian (Perikard)

Der Funktionskreis Kreislauf-Sexus, auch Perikard (Herzbeutel) genannt, steht in direkter Verbindung zum Herzen. Seine Hauptaufgabe ist es, für den Ausgleich von Vergnügungen und Entspannung zu sorgen. Dazu gehört, dass das Tier seine Bedürfnisse befriedigen kann, zu denen nicht nur genügend Futter gehört, sondern auch Geselligkeit, Freude, Zuwendung, Streicheleinheiten und Sexualität.

Eine der wichtigsten Aufgaben des „KS" ist der Schutz des Herzens vor äußeren Angriffen und die Stabilisierung des Kreislaufs, der notwendig ist, um uns am Leben zu erhalten und dieses Leben auch genießen zu können.

- Häufige Konflikte: Revierkonflikt
- Integrationsthema: plötzlicher Schock
- Fragestellungen für den Tierhalter:
  - Haben wir zurzeit einen Revierverlust erlitten?
  - Habe ich/Haben wir eine enttäuschte Liebe?
  - Bin ich/Sind wir nicht liebenswert?
  - Habe ich/Haben wir einen Mangel an mütterlicher Wärme?
  - Bin ich/Sind wir seelisch verletzt worden?
  - Wurde mein/unser Vertrauen missbraucht?

Dreifach-Erwärmer-Meridian

Der Name „Dreifach-Erwärmer" rührt daher, dass die chinesische Medizin den Körper in drei Wärmebereiche einteilt: oberer, unterer und mittlerer Erwärmer. Der „obere Erwärmer" versorgt den Brustbereich, der „mittlere" den Bauchbereich und der „untere" die Beckenregion. Es gibt kein anatomisches Organ, das dem Dreifachen Erwärmer entspricht.

Der „3E“ wirkt regulierend auf die Funktion des autonomen Nervensystems, auf das Hormonsystem und auf den Wärmehaushalt. Anzeichen für Störungen können zum Beispiel Schilddrüsenprobleme, Nebennieren- und Stresshormonstörungen, Müdigkeit und Lustlosigkeit, aber auch Gelenkprobleme, Verdauungsstörungen und Infektionen sein.

- Häufige Konflikte: Ohnmächtigkeitskonflikt
- Integrationsthema: Erniedrigung
- Fragestellungen für den Tierhalter:
  - Haben wir kein Recht auf Selbstausdruck?
  - Habe ich/Haben wir das Gefühl, „keiner hört mir/uns zu“?
  - Bin ich/Sind wir ohne Hoffnung?
  - Fühle ich mich/Fühlen wir uns ohnmächtig, machtlos und lustlos?
  - Habe ich/Haben wir das Gefühl, oft zu spät zu kommen, „alle anderen bekommen mehr, weil sie schneller sind“?

Gallenblasenmeridian

Der Gallenblasenmeridian ist maßgeblich an der Bildung von „Entschlusskraft“ im Organismus beteiligt. Eine Funktionsstörung der Gallenblase kann zu Erbrechen führen oder zu Verstopfung und Blasenentzündung. Auch die Versorgung der Sehnen mit Lebens- und Spannkraft gehört zum Gallenblasenmeridian. Wenn das Tier nicht weiß, was es will, oder Bewegungsabläufe nicht richtig koordinieren kann, kann dies ein Hinweis auf eine gestörte Gallenblasenfunktion sein.

- Häufige Konflikte: Revierärger
- Integrationsthema: Ablehnung

- Fragestellungen für den Tierhalter:
  - Haben wir zurzeit Revierärger?
  - Bin ich/Sind wir unentschlossen und verschlossen?
  - Bin ich/Sind wir voller Selbstmitleid und nachtragend?
  - Bin ich/Sind wir in der Opferhaltung und manipulieren dadurch?
  - Habe ich/Haben wir einen falschen Stolz?
  - Bin ich/Sind wir nachtragend und verurteile/n andere?

Lebermeridian

Dieser Meridian ist sehr wichtig sowohl für den freien Fluss der Gefühle wie auch für den freien Energiefluss auf der körperlichen Ebene und die Entgiftung. Auch Bänder und Sehnen werden von diesem Meridian maßgeblich beeinflusst. Vor allem der Umgang mit Emotionen kennzeichnet die Qualität der Leber; Wut, Aggression, Frust oder Überempfindlichkeiten sind Hinweise auf einen Stau. Der Lebermeridian hat auch Einfluss auf den Genital- und Fortpflanzungsbereich, da er um das äußere Genitale verläuft. Daher wird dieses Meridiansystem durch eine Kastration unterbrochen und der freie Fluss der Energie im Bereich des gesamten Beckens gestört.

- Häufige Konflikte: Verhungerungskonflikt
- Integrationsthema: Wut
- Fragestellungen für den Tierhalter:
  - Haben wir zurzeit Angst zu verhungern?
  - Habe ich/Haben wir mangelnde Anerkennung und fühle mich/fühlen uns übergangen?
  - Bin ich/Sind wir handlungsunfähig und unzufrieden?
  - Bin ich/Sind wir unnachgiebig, verzweifelt und voller Selbsthass?

Beispiel: Meridianausgleich beim Pferd

Mit dieser freundlicherweise von Rudolf Fridum zur Verfügung gestellten Liste kann Schritt für Schritt getestet werden, welcher Meridian einen energetischen Ausgleich mithilfe von Strichcodes benötigt. Dieses Vorgehen gilt analog auch für kleinere Haustiere wie Hund oder Katze (Meridian-Abbildungen siehe Anhang, Seite 182ff.).

Fragen Sie die Punkte der angegebenen Reihenfolge nach ab:

→ Mit der „Wie“-Frage von Grad 1 bis 8: „Wie ist dieser Meridianpunkt?“ Nur Punkte, die Grad 5 oder höher anzeigen, werden mit dem entsprechenden Umkehrzeichen bemalt.

→ Dann Meridian am Tier suchen: Eine Abweichung von max. 2 cm rund um den Akupunkturpunkt ist tolerabel. Am Tier fragen: „Ist es hier in Ordnung?“, „Kann ich hier malen?“

Bemalen Sie diesen Punkt und gehen Sie erst dann zum nächsten Testpunkt über. Wenn das Bemalen direkt am Tier nicht praktikabel ist, „schreiben“ Sie das Zeichen mit dem Finger und Ihrer Gedankenkraft auf ungefährer Höhe des Akupunkturpunktes in die Aura. In diesem Fall formulieren Sie gedanklich den Satz: „Möge es hier so lange wirksam bleiben, wie es benötigt wird. Danke!“

Oder: Sie bemalen stellvertretend für das Tier die Punkte auf einer Meridian-Abbildung, wobei Sie an das Tier denken. Sie können die Abbildung in eine Klarsichthülle stecken und die Punkte auf dieser bemalen. Testen Sie, wie lange die Bemalung wirken soll. Kreisen Sie am Ende der Zeit die Symbole ein, dann werden sie ungültig – und vernichten Sie das Blatt.

Oder: Schreiben Sie auf einen Zettel den Namen des Meridians und malen Sie darüber das Umkehrzeichen; dann Zettel vor den Akupunkturpunkt halten und mit der Rute rechtsdrehend einschwingen, bis die Rute in die Bewegung von Grad 1 übergeht; danach fragen: „Wie ist es jetzt?“ – es muss Grad 1 anzeigen.

Oder: Schreiben Sie auf einen Zettel den Wortlaut „Meridian XY ausgleichen“ und malen Sie darüber ein Ypsilon. Dann in die Aura einschwingen; warten, bis der Tensor Grad 1 anzeigt.

„... Leaving the world a better place for horses and for people, too.“ **Monty Roberts**

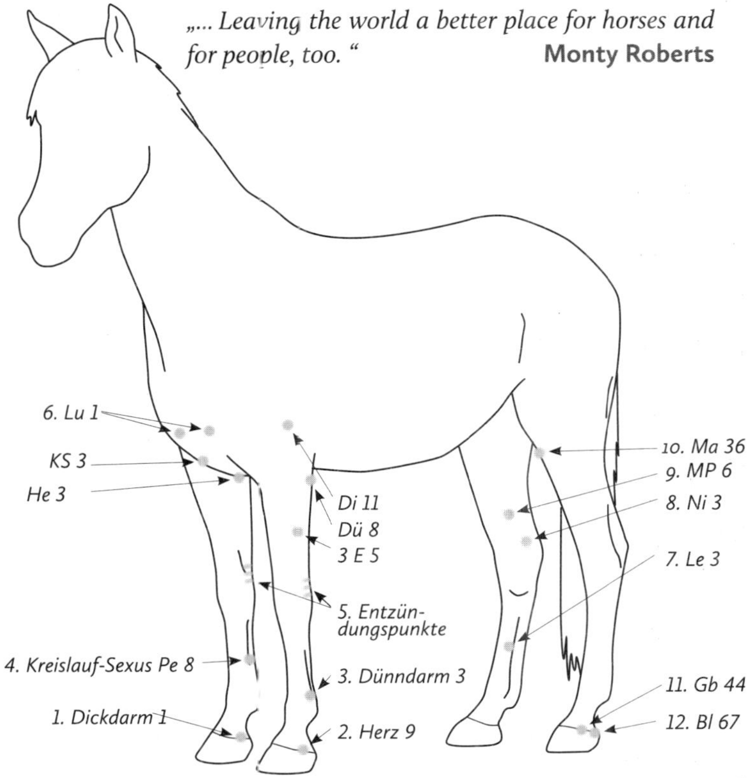

Die Meridiantestpunkte beim Pferd.

Seelische Ursachen von Erkrankungen erkennen

Jedes Tier ist nicht nur ein Körper mit Organen, sondern vielmehr ein komplexer Organismus aus stofflichen und feinstofflichen Körpern. Die feinstofflichen Körper sind für das menschliche Auge (bis auf wenige Ausnahmen) bislang unsichtbar. Nichtsdestotrotz sind sie vorhanden und wirken auf die stofflich-organische Ebene der Tiere ein. Ursachen in der feinstofflichen Ebene bemerken wir meist erst dann, wenn dies der stoffliche, „feste" Körper in Form von Symptomen zu erkennen gibt. Das Symptom, das wir dann sehen, steht am Ende einer Kette von nicht sichtbaren Ursachenfeldern, es ist aber nicht die Ursache selbst. Deshalb beseitigen wir nicht die Ursache, wenn wir ein Organ entfernen. Wir bauen ja auch nicht den Tank eines Autos aus, nur weil er leer ist. Wir suchen uns eine Tankstelle und befüllen den Tank wieder neu. Wenn das Auto nicht mehr fährt, weil der Tank leer ist, so erkennen wir das am Symptom „Auto bleibt stehen" – aber nur deshalb, weil wir die Verknüpfung gelernt haben: „Wenn das Auto stehen bleibt, könnte das daran liegen, dass kein Benzin mehr im Tank ist." Wenn ein Tier müde und lustlos ist, weil die Leber mit falschem Futter oder mit Medikamenten überlastet ist, so haben wir die Verknüpfung „Lustlosigkeit könnte darauf zurückzuführen sein, dass die Leber zu viel schlechtes Futter verwerten muss" nicht gelernt und kommen deshalb auch nicht auf die Idee, die Leber zu unterstützen. Wir müssen erst lernen, die Sprache der Symptome und die Sprache der Organe „lesen" zu können.

„Jede Beziehung zwischen einem Tier und einem Menschen ist eine einzigartige Brücke, gebaut, um nur diese beiden zu tragen." **Suzanne Clothier**

Die Sprache der Organe verstehen lernen

Wenn wir mit energetischen Heilweisen arbeiten, so lautet unsere Grundannahme: Alles, was ist, ebenso jeder lebende Organismus, ist Schwingung und Energie. Jede Krankheit und jedes Symptom stellt eine Veränderung dieser Schwingung im Energiefeld dar. Diese Veränderung ist als Dissonanz sichtbar in Form von Symptomen. So sind Symptome, auch wenn sie unangenehm erscheinen und wir sie gerne so schnell und reibungslos wie möglich wieder loswerden möchten, eine Hilfestellung für uns. Symptome sprechen eine „Sprache". Auch wenn Tiere andere Laute zum Verständigen gebrauchen, können wir die Sprache der Organe und Symptome verstehen lernen.

Es gibt inzwischen zahlreiche sehr gute Bücher zum Thema „Organsprache" auf dem Markt, zum Beispiel die Bücher von Ruediger Dahlke oder Louise Hay. Es lohnt sich, bei Erkrankungen der Tiere ein solches Buch zurate zu ziehen. Denn ein Organ wird nicht grundlos krank, es will uns etwas mitteilen. In den Büchern zur Organsprache finden wir gute Hinweise auf mögliche Ursachen. Mit der Einhandrute können wir die in Büchern gefundenen Stichworte auf ihre Relevanz hin testen und versuchen, die seelischen Ursachen beim Tier zu beheben.

Organsysteme und deren „Sprache"

An dieser Stelle kann nur ein knapper Überblick über die Sprache der Hauptorgansysteme gegeben werden. Auch wenn im Augenblick nur ein Organ, zum Beispiel die Niere, erkrankt ist, testen wir sinnvollerweise immer alle Organsysteme von Grad 1 bis 8 (siehe Listen im Anhang zur Unterstützung, Seite 198ff.). Denn kein Organ reagiert isoliert auf eine Störung im Energiefeld. Alles hängt mit allem zusammen, gerade in einem komplexen lebenden Organismus, und es kann sein, dass ein anderes Organsystem energetisch blockiert ist und ebenfalls der Behandlung bedarf, auch wenn es sich im Augenblick nicht „krank“ zeigt.

Organ/ Symptom	Was will uns das Symptom sagen?
Augen	Verschließt das Tier seine Augen vor etwas? Nimmt es über die Sinnesorgane zu viel auf?
Ohren	Bekommt das Tier zu viel „Wortmüll“, zum Beispiel durch Streit, mit? Gibt es ein Thema, das das Tier nicht mehr hören kann?
Nase	Kann das Tier etwas/jemanden nicht riechen? Hat das Tier von etwas die Nase voll?
Zähne	Muss sich das Tier „durchbeißen“? Kann das Tier sich nicht durchsetzen?
Maul	Wollen Worte (zum Beispiel Bellen) gesagt werden und keiner hört zu? Muss das Tier zu viel schlucken?
Rachen	Kann das Tier etwas nicht herausbringen, was es ausdrücken will? Wird nicht verstanden, was es sagen möchte? Wem will das Tier „etwas husten“?
Atmungstrakt	Gibt es etwas/jemanden, das/der dem Tier den Atem nimmt? Will das Tier sich Luft machen? Bedrückt das Tier etwas?
Herz	Ist das Tier durch etwas aus dem Takt geraten? Möchte das Tier sein Herz ausschütten? Ist das Herz des Tieres gebrochen?
Verdauung	Gibt es etwas, das das Tier nur schlecht verdauen kann? Liegt dem Tier etwas im Magen?
Leber	Ist dem Tier etwas über die Leber gelaufen? Hat es eine Wut, die es nicht ausdrücken kann?
Bewegungsapparat	Hat man das Tier in die Knie gezwungen? Hindert etwas/jemand das Tier auf seinem Weg nach vorne? Kann das Tier seine eigene Geschwindigkeit leben?

Organ/ Symptom	**Was will uns das Symptom sagen?**
Rücken/ Wirbelsäule	Ist dem Tier „jemand in den Rücken gesprungen"? Will jemand dem Tier „das Kreuz brechen"? Werden dem Tier zu viele Lasten aufgeladen? Sitzt das Tier etwas aus, das in Angriff genommen werden sollte (zum Beispiel wenn das Steißbein betroffen ist)?
Harn-apparat und Nieren	Kann das Tier seine Gefühle leben? Hat es einen Partner? Braucht es einen Partner beziehungsweise Artgenossen?
Fortpflan-zungs-organe	Kann das Tier seine Weiblichkeit/Männlichkeit leben?
Haut	Könnte das Tier (vor Wut) aus der Haut fahren? Hat das Tier (die Haut) genügend Spannkraft?
Infektions-krankheiten	Erregt das Tier ständig etwas? Kann es Dinge/Eindrücke schlecht abwehren? Ist das Tier schwächenden Einflüssen ausgesetzt?

Energetischer Ausgleich des Organs mithilfe der Organsprache

Testen Sie zunächst das betroffene Organ beziehungsweise das Symptom, wie stark es belastet ist, zum Beispiel Grad 7. Nehmen wir an, es handelt sich um „Erbrechen". Bei Ruediger Dahlkes „Krankheit als Symbol" (siehe Literaturverzeichnis) lesen wir unter „Erbrechen" zum Beispiel die Stichwörter „etwas bricht hervor", „Abwehr", „Ablehnung" oder „Nichtakzeptieren" und etliche andere mehr. Diese Beschreibungen führen uns auf die Spur der Ursachenebene.

Wir testen die symbolische Sprache des Symptoms systematisch durch mit der inneren Frage: „Wie steht dieses Thema im Zusammenhang mit dem Erbrechen des Tieres?" Den Satz oder das Stichwort, das den höchsten Belastungsgrad zeigt, schreiben Sie auf einen Zettel zusammen mit dem körperlichen Symptom oder dem betroffenen Organ. Also zum Beispiel „Erbrechen" und darunter „Ablehnung". Beides übermalen Sie mit dem getesteten Umkehrzeichen und machen damit eine Informationsübertragung auf Futter oder Wasser stellvertretend für das Tier. Sollten mehrere Themen mit dem gleichen Grad anzeigen, testen Sie, welches Thema Sie vorrangig bearbeiten sollen.

Testen Sie anschließend, wie oft am Tag und wie viele Tage insgesamt die Wasserübertragung mit diesem Zeichen gemacht werden soll. Fragen Sie, welches Zeichen anschließend über die Worte zu malen ist und wie lange nun dieses Blatt übertragen werden soll. Die Wasserübertragung für ein

Thema ist erst dann abgeschlossen, wenn die Rute Grad 1 anzeigt. Der letzte Zettel mit Grad 1 wird mit Y überschrieben. Dieses positive Zeichen steht für: „Es ist jetzt in Ordnung."

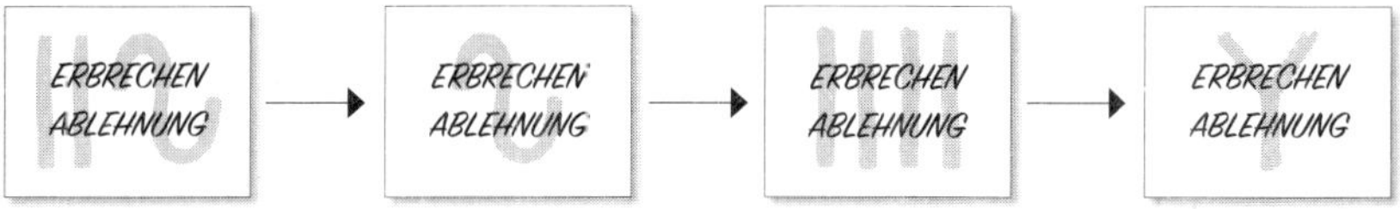

Zusammenfassung – Schritt-für-Schritt-Anleitung:

1. Grad des Organs oder Symptoms testen
2. Grade der Vorschläge der Organsprache testen
3. Nur die höchsten Grade beachten
4. Auswählen, welches Thema jetzt das wichtigste ist
5. Auf ein Blatt Papier das Symptom schreiben, darunter das Thema der Organsprache
6. Getestetes Umkehrzeichen über den Text malen
7. Stellvertretend für das Tier eine Übertragung auf Wasser oder Futter vornehmen
8. Testen, wie oft wiederholt werden soll: wie oft am Tag, wie viele Tage insgesamt?
9. Testen, ob es danach noch ein anderes Zeichen braucht – die Wörter bleiben gleich
10. Erst wenn die Rute Grad 1 anzeigt, ist dieser Heilimpuls „fertig". Dieser letzte Zettel mit dem Thema wird dann standardmäßig mit dem Y übermalt (immer am Ende einer Informationsübertragung auf Wasser oder Futter).

Darüber hinaus können Sie austesten, ob es sonst noch etwas gibt, was Ihrem Tier jetzt guttun würde, etwa Ruhe, ein spezielles Diätfutter, eine Breuß-Massage oder Ähnliches.

Exkurs: MFT für Tiere

Kollege Rudolf Fridum kombiniert sehr erfolgreich die Neue Homöopathie mit den Klopftechniken der MFT (Mental-Feld-Techniken), bei denen bestimmte Akupunkturpunkte zur Lösung seelischer Themen beklopft werden. Wenn wir MFT für Tiere anwenden, dann klopfen wir nicht AUF den Tieren, sondern wir klopfen FÜR die Tiere mithilfe des Menschen als Stellvertreter. Das hat einen großen Vorteil: Die Klopfpunkte befinden sich bei vielen Tieren an Stellen, die sie nicht gerne berühren lassen. Manche Tiere, wie Fische und Vögel, kann man so überhaupt nicht erreichen, und wilde Tiere schon gar nicht. Auch können auf diese Weise längere Behandlungen durchgeführt werden, ohne dass das Tier die Geduld verliert. Dieses erstaunliche und wirklich wundervolle Prinzip wurde bekannt, als eine junge Dame, die ein frühgeborenes Kind hatte, verzweifelt in der Nacht vor dem Brutkasten saß. Da sie ihr Kind nicht anfassen durfte, hat sie die ganze Nacht hindurch FÜR das Kind MFT geklopft und das Kind fing an, besser zu atmen – und überlebte.

So gehen Sie vor:

1. Konzentrieren

Denken Sie an das Tier und das Problem, das Sie behandeln möchten. Wenn Sie das Tier ansehen können, dann ist es am einfachsten; man kann aber auch ein Foto benutzen oder nur an das Tier denken.

2. Die Problemerklärung

Das ist ein kurzer, präziser Satz, der das Problem beschreibt, zum Beispiel „Tommy hat diese schlimme Allergie“ oder

„Mitzi faucht und kratzt immer“ oder „Das braune Pferd sieht furchtbar traurig aus“, falls Sie den Namen des Tieres nicht kennen.

3. Der Segenswunsch

Das Tier ist mehr als nur ein „Problem“ und wir wollen ihm Liebe und Unterstützung senden. Aus diesem Grunde formulieren Sie jetzt:
„(Name und Problem), und ich gebe (Name) all meine Liebe“, zum Beispiel „Tommy hat diese schlimme Allergie, und ich gebe Tommy all meine Liebe.“
Oder: „Mitzi faucht und kratzt, und ich gebe Mitzi all meine Liebe.“
Oder: „Das braune Pferd sieht furchtbar traurig aus, und ich gebe dem braunen Pferd all meine Liebe.“

4. Das Energiesystem aktivieren

Legen Sie die flache Hand auf Ihre Brust, links oder rechts. Warten Sie, bis Sie die Wärme Ihrer Hand fühlen können. Reiben Sie kreisförmig, atmen Sie tief durch und sagen Sie dann die Problemerklärung gefolgt von dem Segenswunsch: „(Name und Problem), und ich gebe (Name) all meine Liebe.“ Wiederholen Sie das dreifach, während Sie leicht und kreisförmig die Brust reiben.

5. Akupunkturpunkte klopfen

Nun klopfen wir alle Punkte, der Reihe nach, leicht aber fühlbar, rund sieben bis neun Male, rhythmisch. Auf jedem Punkt wiederholen wir die Problemerklärung, um uns dabei zu helfen, konzentriert zu bleiben und die Behandlung „an den rechten Platz zu senden". Man kann mit einem oder zwei Fingern klopfen, die Hand oder Seite ist gleichgültig:

1. Innenseite der Augenbraue
2. Neben dem Auge auf dem Knochen außen
3. Unter dem Auge mittig auf dem Knochen
4. Unter der Nase in der Mitte zwischen Nase und Oberlippe
5. In der Mitte zwischen Kinn und Unterlippe
6. Im Winkel Schlüsselbein/Brustbein unter den Knochen
7. Unter dem Arm auf der Höhe der Brustwarzen
8. Daumen Innenseite (Richtung Körpermitte, im Winkel des Nagelbettes)
9. Zeigefinger Nagelbett innen
10. Mittelfinger Nagelbett innen
11. Kleiner Finger Nagelbett innen (der Ringfinger-Punkt ist der Gamut-Punkt)
12. Handkante außen (hier kann mit mehreren Fingern geklopft werden)
13. Gamut-Punkt: auf dem Handrücken zwischen kleinem Finger und Ringfinger (auch hier kann mit mehreren Fingern geklopft werden)

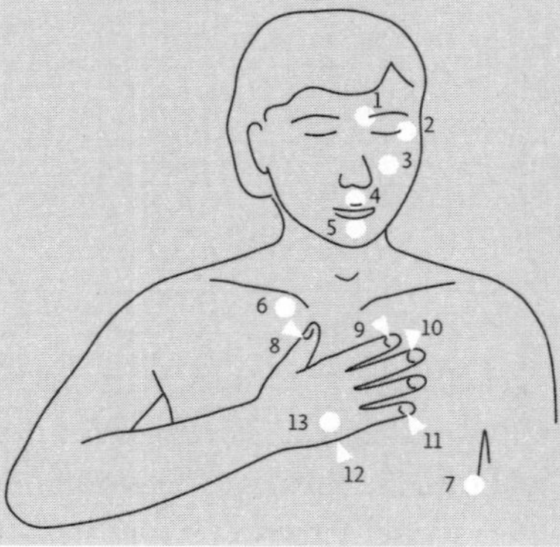

Wenn alle Punkte geklopft sind, atmen wir tief durch, bleiben einen Moment lang ruhig sitzen und spüren, ob wir uns jetzt anders fühlen. Nach einigen Übungsdurchläufen sind Ihnen die Punkte geläufig.

Die seelisch-emotionale Ebene der Tiere

Die emotionale Ebene der Tiere ist unter ganzheitlichen Aspekten eine der wichtigsten Behandlungsebenen – so auch bei der Anwendung der Neuen Homöopathie. Tiere leben ganz im Hier und Jetzt, sie interpretieren nicht die derzeitige Situation und denken nicht ständig voraus in die Zukunft. Was nicht heißt, dass nicht etwa traumatische Erlebnisse aus der Vergangenheit gespeichert wurden. Tiere werden vorwiegend vom „Bauchhirn" gesteuert (Menschen im Übrigen auch!). Das Bauchhirn ist in die Wand des Dünndarmes eingebettet, und die moderne Medizin hat bei ihren Untersuchungen an Tieren herausgefunden, dass vor allem dieses „zweite Gehirn" in der Lage ist zu fühlen. Das Bauchhirn ist für Tiere das zentrale Steuerungsorgan.

Wenn wir zu einem Tier gerufen werden, tun wir gut daran, zunächst einmal behutsam Kontakt mit ihm aufzunehmen, ohne es zu ängstigen. Der erste Schritt ist das „In-Kontakt-Gehen", das Hinspüren und Erspüren des Wesens Tier: entweder durch Berühren mit der Hand oder durch Betrachten und Fühlen, wie es dem Tier geht; sich auf das Tier einzulassen ist wichtig, denn das Lebewesen braucht auch Zeit, um *Sie* aufzunehmen.

Halten Sie so viel Abstand, dass das Tier sich noch wohlfühlt in seiner Haut, und nehmen Sie sich so viel Zeit, wie Sie und das Tier brauchen. Es ist nicht unbedingt nötig, dem Tier zu nahe „auf die Pelle" zu rücken, wenn es das nicht mag. Das erzeugt nur zusätzlichen Stress, den es durch seine Erkrankung sowieso schon hat. Reden Sie – wenn Sie Therapeut sind – mit dem Tierhalter in aller Ruhe über das Thema oder den tierärztlichen Befund und erklären Sie ihm, wie Sie vorgehen möchten, damit eine vertrauensvolle Atmosphäre aufgebaut

Vater Toni und Schwester Simone begleiten Sabine beim Behindertenreiten auf Pferd Valesco. Das Tier spürt genau, wer sein Reiter ist, und verhält sich beim Behindertenreiten immer besonders brav und ruhig.

wird. Sie werden jetzt schon spüren, ob die Stimmung friedvoll und harmonisch ist oder eher gedrückt und angespannt. Das Tier nimmt alle Emotionen seiner Umgebung auf, so wie dies auch kleine Kinder tun.

Bachblüten als Hinweisgeber

Als guten „Einstieg" und Hinweisgeber auf die emotionale Ebene benutzen wir gerne die Bachblütenmischungen der Firma Supracell (Adresse siehe Anhang, Seite 176). Diese sind speziell auf die Tierbehandlung abgestimmt. Wenn Sie von den sieben Globuli-Fläschchen in diesem Set abfragen, ob die Mischungen überhaupt infrage kommen und wenn ja, welche davon das Tier brauchen könnte, bekommen Sie gleichzeitig auch einen Hinweis auf das vorherrschende Seelenthema des Tieres (zum Beispiel „Trauer", „Aggression", „Ängstlichkeit", „Lernbereitschaft" und anderes).

Natürlich können Sie auch Einzelblüten anderer Hersteller abfragen, ob das Tier sie braucht, und dann nachlesen, um welches Thema es sich handelt. Testen Sie aus, wie viele Globuli und über wie viele Tage die Bachblüten gegeben werden sollen. Als Testgrad muss Grad 1 herauskommen, denn das zeigt den besten Heilimpuls an.

Testet eines dieser Bachblüten-Themen, ist zu vermuten, dass auch der Tierhalter beziehungsweise die Hauptbezugsperson ein ähnliches Thema hat! Befragen Sie dann als Therapeut den Tierhalter zum Beispiel: „Hatten Sie einen Trauerfall?" oder „Wovor haben Sie Angst?"

Tipp

Die Testung der Bachblütenmischungen für Tiere gibt einen schnellen Hinweis auf eventuell blockierte Gefühlsthemen beim Tier. Die Globulifläschchen der Firma Supracell enthalten folgende Mischungen:

- Notfall
- Angst
- Aggression
- Lernbereitschaft
- Erschöpfung
- Genesung
- Verlust, Trauer
- Entschlackung, Entgiftung

Greifen Sie anschließend das Thema, das Sie über die Testung der Bachblüten gefunden haben, für eine Wasserübertragung auf: also zum Beispiel „Trauer", wenn diese Bachblütenmischung mit Grad 1 getestet hatte oder wenn Sie das Thema aus einem Buch oder einer Liste heraus festgestellt haben. Wir befassen uns zunächst nur mit den Themen, die den höchsten Belastungsgrad anzeigen (also 7 oder 8).

Die Fünf Elemente der TCM als Schlüssel zum Konflikt

Ein Mensch kann über seine Gefühle reden, wenn es ihm schlecht geht oder er die Ursache seiner Erkrankung auf der seelisch-emotionalen Ebene vermutet. Bei einem Tier müssen wir uns mehr auf das Erspüren verlassen. Es gibt aber gute Hilfsmittel, die uns auf die Spur bringen können, wo die emotionale Blockade des Tieres im Augenblick liegt. Eines dieser Hilfsmittel ist das sogenannte „Gefühlsmandala" (zu beziehen im Ypsilon-Portal, siehe Adresse im Anhang). Mithilfe dieser Testliste bekommen wir über die Fünf Elemente der chinesischen Medizin Zugang zu den Meridianen und über diese wiederum zu den Gefühlen. Im Zusammenhang mit dem Symptom beziehungsweise der Beschwerde oder der tierärztlichen Diagnose fragen wir jedes Element von Grad 1 bis 8 der Reihe nach durch:

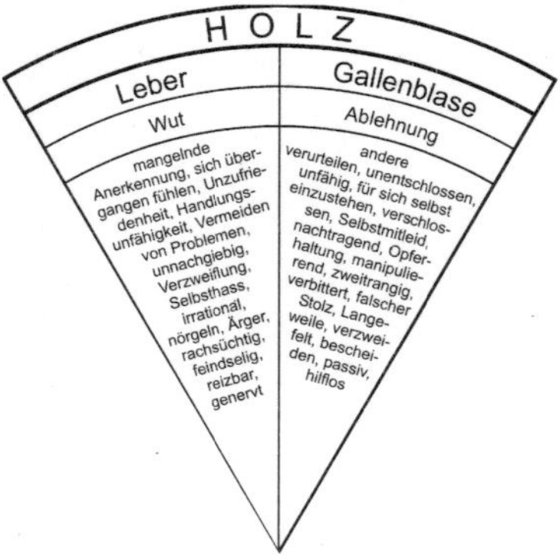

Ausschnitt aus dem Gefühlsmandala (vollständige Abbildung siehe Anhang, Seite 185).

„Wie ist im Zusammenhang mit dem Symptom xy ...

- → das Feuer-Element?"
- → das Erde-Element?"
- → das Metall-Element?"
- → das Wasser-Element?"
- → das Holz-Element?"

Eines oder zwei dieser Fünf Elemente werden erfahrungsgemäß die höchste Belastung anzeigen. Sie konzentrieren sich auf das Element, das den höchsten Grad

Auch die Gefühlswelt der Tiere kann gestört sein.

hat, und testen dann die zugeordneten Meridiane. Wenn also zum Beispiel das Holzelement Grad 8 angezeigt hat, fragen Sie im nächsten Schritt:

→ „Wie ist der Lebermeridian?"
→ „Wie ist der Gallenblasenmeridian?"

Vom Meridian, der bei dieser Auswahl den höchsten Grad anzeigt, gehen Sie weiter zu den vorgeschlagenen Themen beziehungsweise Sätzen und testen jeden Satz, zum Beispiel die Stichwörter unter dem Lebermeridian: „Wie ist Wut?", „Wie ist mangelnde Anerkennung?", „Wie ist ‚sich übergangen fühlen'?" und so weiter.

Sie werden oft mehrere Themen finden, die einen gleich hohen Grad anzeigen. Denken Sie sich dann „Zeige mir nun das Thema, das am wichtigsten für die Lösung dieses Symptoms ist", und testen Sie noch einmal. Am Ende erhalten Sie ein einziges Thema, das Sie im nächsten Schritt ausgleichen sollen. Sollte sich Ihr Problem danach nicht ganz gelöst haben, testen Sie noch einmal die übrigen Themen.

Ausgleich von Schocks, Traumata und anderen emotionalen Ursachen mit Symbolen

Nun formulieren wir einen Zettel – dessen optimale Farbe wir vorher getestet haben – mit dem oder den gefundenen Begriffen und malen das entsprechende Umkehrzeichen darüber. Fragen Sie mit der Rute ab, was mit diesem Zettel geschehen soll (unter den Fressnapf legen, unter die Schlafdecke, unter oder neben den Käfig, an die Wand hängen und so weiter) und wie lange der Zettel hier verbleiben soll. Nach dieser Zeit müssen Sie nachtesten, welchen Grad das Thema nun hat. Wird noch nicht Grad 1 anzeigt, muss das neue getestete Zeichen über das gleiche Wort geschrieben werden und der Vorgang beginnt von Neuem, so lange, bis Grad 1 erreicht ist. Ist dieser Grad erreicht, schreiben Sie das letzte Mal das Thema auf den Zettel und übermalen es nun mit einem Y, das noch einen weiteren Tag liegen bleibt. Erst dann ist der Vorgang beendet. So wird das negative Muster Schritt für Schritt ausgeleitet.

Natürlich betreiben wir das Ganze nicht mechanisch, sondern beobachten die Reaktionen und das Befinden des Tieres – und das des Tierhalters!

Fallbeispiel: Gewitterangst bei Hündin Ronja

Ronja zeigte bei Gewitter immer eine extreme Panik: Bereits Stunden vorher ging sie in geduckter Haltung mit eingezogenem Schwanz, klebte an meinen Beinen und versuchte mit allen Mitteln zu verhindern, dass ich das Haus verließ. Sie fiepste ständig und wenn dann das Gewitter kam, stand sie unter extremem Stress. Sie hechelte, zitterte am ganzen Körper und war durch nichts zu beruhigen oder abzulenken. Waren wir dann nicht daheim, zerkratzte sie in Panik Türen und Wände. Ereignete sich das Gewitter nachts und wir waren schon im Bett, dann kletterte sie hinein, legte sich aber nicht hin, sondern stand hier und schrie vor Panik, zitterte und hechelte. Als es wieder einmal so weit war, stellte ich mir einfach vor, ich hätte einen Zettel in der Hand, auf dem stand: „Gewitterangst" – mit darüber gemaltem Sinuszeichen. Diesen imaginären Zettel habe ich auf ihrem ganzen Körper verteilt. Dann habe ich mit einer Pipette, die mit Notfalltropfen gefüllt war, auch noch zusätzlich den Körper mit Sinuszeichen bemalt. Nach einigen Minuten hatte sich Ronja so weit beruhigt, dass sie sich hinsetzen konnte und nicht mehr am ganzen Körper zitterte.

Als später wieder einmal ein Unwetter aufzog und ich zur Arbeit gehen musste, kam ich auf die Idee, viele Zettel mit „Ronja hat Gewitterangst" und dem Sinuszeichen zu beschriften und in der Wohnung zu verteilen. Auch auf ihren Körper malte ich mit UV-Stift diese Botschaft. Ronja ließ mich in Ruhe aus der Türe gehen. Als ich zurückkam, stellte ich fest, dass sie während des Gewitters auf ihrem Platz gelegen und wieder stark gehechelt hatte, denn dort war der Teppich feucht vom Speichel. Auf diese Weise „arbeite" ich nun immer bei Gewitter. Mit dem Erfolg, dass Ronja zwar sehr aufgeregt ist, sich aber freiwillig hinlegt oder hinsetzt und sogar etwas Wasser saufen oder ein Stück Käse essen kann. Nach den Gewittern beruhigt sie sich wieder sehr schnell. *Angelika Lederer*

Teil III: Die Beziehung zwischen Mensch und Tier

Dort hinsehen, wo die Ursache wirklich liegt!

Eines der spannendsten Kapitel in der Heilarbeit mit Tieren ist es, wenn wir erkennen, dass Symptome und Beschwerden der Tiere oft ihre Ursache in einer gestörten Mensch-Tier-Beziehung haben. Spätestens dann, wenn Tierhalter „schon alles versucht" haben und die Erkrankung des Tieres nicht gelindert worden ist, müssen wir uns fragen: „Bei wem liegt denn eigentlich wirklich die Ursache? Beim Tier oder etwa beim Tierhalter oder einer anderen Person, deren Thema das Tier zu tragen versucht?" Kein Tier ist „per Zufall" bei uns – es ist uns vielmehr „zugefallen", mit diesem Tier zu leben. Wir sind in „Resonanz" mit diesem Tier gegangen, genau dieses Tier wollte bei uns sein, weil wir etwas von ihm lernen können! Bei allen Seelen- beziehungsweise Gefühlsthemen testen wir deshalb aus, ob jemand im Umfeld des Tieres ebenfalls dieses Thema trägt!

Gerade bei Haustieren ist eine starke „Tier-Besitzer-Verschränkung" vorhanden. Wie Kinder tragen auch Tiere die Konflikte der Hauptbezugsperson unter Umständen aus und wollen uns damit helfen! Deshalb lassen sich Krankheiten von domestizierten Tieren nicht nur direkt, sondern auch indirekt durch Behandlung der blockierten Muster ihrer menschlichen Besitzer therapieren. Deshalb sollten Sie vor der Behandlung des Tieres fragen:

„Auf welcher Ebene liegt das Problem des Tieres?"
- → „Auf der Ebene des biologischen Körpers?"
- → „Auf der Meridian-Ebene?"
- → „Auf der emotionalen Ebene?"
- → „Auf der Mensch-Tier-Ebene?"

Ist die emotionale Ebene oder die Mensch-Tier-Ebene blockiert (ab Grad 5), fragen Sie am besten immer:

- → „Ist es ein Thema des Tieres?“
- → „Ist es ein Thema des Tierhalters beziehungsweise einer direkten Bezugsperson des Tieres?“
- → „Ist es ein Thema eines Menschen, der etwas mit der Bezugsperson zu tun hat?“
- → „Wer soll das Thema für das Tier lösen?“

Beispiel: Bei der Abfrage mit der Einhandrute ist herausgekommen, dass eigentlich der Tierhalter das Thema hat, welches das Tier austrägt. Dann schreiben Sie einen Zettel (optimale Farbe testen) mit der Krankheit beziehungsweise dem Symptom des Tieres (zum Beispiel „Entzündung“) und darunter das Gefühlsthema des Halters (zum Beispiel „Schuldgefühle“).

Malen Sie anschließend das entsprechende Umkehrzeichen über alle Wörter und fragen Sie ab, was nun mit dem Zettel geschehen soll, ob er zum Beispiel unter den Wassernapf, den Fressnapf oder den Käfig gelegt werden soll. Fragen Sie ab, ob der Tierhalter die Information auch für sich selbst übertragen soll, zum Beispiel auf Wasser.

Als Begleitmittel bei Problemen auf der Mensch-Tier-Ebene eignen sich sehr gut Bachblüten oder andere Essenzen, außerdem auch der Einsatz von Farben (zum Beispiel Farblicht oder farbige Decke, auf der das Tier liegen kann).

„Als Hund ist er eine Katastrophe, als Mensch unersetzbar.“ **Johannes Rau**

Den unerlösten Konflikt beim Menschen finden

Wenn über die Testung mit dem Tensor herausgekommen ist, dass das ursächliche Thema für die Erkrankung des Tieres beim Menschen liegt, so gibt es eine Reihe von Hilfsmitteln zur Bestimmung des Themas:

- → Die Bücher zur Organsprache (zum Beispiel von Ruediger Dahlke)
- → Das Gefühlsmandala/die Zuordnung der Fünf Elemente (s. Anhang)
- → Die Zuordnung der Wirbel zu den unerlösten Themen (s. zum Beispiel Louise Hays Buch „Heile deinen Körper")

Fallbeispiel: Hund lässt sich nicht am Rücken berühren

Der Hund einer Bekannten lag auf dem Fußboden. Sie bat mich, seine Wirbelsäule zu testen, da er sich im Bereich der oberen Brustwirbelsäule nicht von ihr berühren ließe. Ich setzte mich zu ihm auf den Boden und beobachtete ihn. Er wurde immer ruhiger und ich legte sanft meine Hand auf seine Wirbelsäule, was er ganz selbstverständlich geschehen ließ. Nach einer Weile bemerkte ich, wie er tiefer und regelmäßiger atmete. Er war eingeschlafen. Ich spürte eine große Trauer in mir aufsteigen und sagte zu meiner Bekannten: „Er ist bei seiner Mama." Als ich sie ansah, kullerten ihr Tränen übers Gesicht und da wusste ich, dass es „ihr Thema" war. Ihre Mutter war vor nicht allzu langer Zeit an einem Herzinfarkt gestorben und sie hatte dieses Thema noch nicht loslassen können. Anschließend arbeiteten wir nur mit meiner Bekannten weiter. *Roswitha Stark*

Auch positive Affirmationen helfen Tier und Mensch dabei, aus einer Dissonanz wieder in eine harmonische Gemeinschaft zu finden.

Der erste Schritt zur Heilung des Tieres besteht hierbei darin, als Tierhalter zu akzeptieren, dass die eigentliche Ursache bei ihm selbst liegt. Dieses hat mit einer Schuldzuweisung nichts zu tun, denn meistens war dem Tierhalter ja nicht bewusst, dass das Tier sein Thema austrägt – und unsere Tiere wollen uns gerne helfen. Leider haben wir es nur verlernt, ihre Sprache beziehungsweise ihre Signale zu verstehen.

„Das letzte Wort über die Wunder des Hundes ist noch nicht gesprochen." **Jack London**

Fallbeispiel: Mensch übernimmt die Verantwortung für sein Thema

Während des letzten Kurses zur Neuen Homöopathie bei Roswitha testete ich für meine Katze Mia, weil sie vor über einer Woche fortgelaufen war. Ich fragte:
„Ist sie für jemanden aus der Familie gegangen?" – Ja.
„Für wen? Für die Kinder?" – Nein. „Für mich?" – Ja.
Ich schickte ihr die folgende Botschaft: „Mia, komm bitte wieder nach Hause, wir vermissen dich und ich kümmere mich um meine Themen, du brauchst dies nicht für mich zu tun", indem ich dies auf einen Zettel schrieb und mit dem Y darüber verstärkte.
Danach fuhr ich nach Hause, bog in den Hof ein – und da saß Mia! Sie war gerade in diesem Moment gekommen, die Kinder freuten sich riesig! Sie war etwas „verwettert" und knurrte, was sie bisher nie getan hatte. Inzwischen hat sich viel bei uns verbessert! *Hildegard Burkert*

Fallbeispiel: Angst und Panik bei einem Hund

Ein erfreuliches Erlebnis mit den Heilzeichen kann ich von einer Hündin berichten, die aus einer rumänischen Tötungsstation gerettet wurde. Sie war so ängstlich und von Panik erfasst, dass sie jedes Mal, wenn sie aus dem Haus gehen sollte, innerlich und äußerlich zusammenklappte und Urin und Kot ohne Kontrolle unter sich verlor. Es war so schlimm, dass die Hündin sogar Antidepressiva bekam, um einigermaßen „leben" zu können.

Ich testete die Hündin durch und bekam als erstes Hilfsmittel eine sogenannte Emotionale Stressablösung angezeigt, eine Technik, die ich in meiner kinesiologischen Ausbildung erlernt hatte. Dazu bekamen die Halter die Anweisung, sich in Stressmomenten immer den Satz „Frieden, ich bin im Frieden damit" vorzusagen. Bereits diese Maßnahmen brachten positive Fortschritte, die Hündin zeigte sich in der Wohnung aufgeweckter und fröhlicher, ihre Menschen legten auch ihren Stress ab.

Danach war das „System" bereit für die Arbeit mit den Heilzeichen. Die ersten über das Gefühlsmandala (Nieren- und Lungenmeridian) herausgefundenen Themen waren „Angst", „alles ist verboten" und „keine Daseinsberechtigung". Zusätzlich wurde die positive Affirmation benutzt: „Alissa beginnt mit Freude neu."

Nach den ersten Wochen rannte die Hündin bereits mit großer Freude bis zur Gartentüre. Mithilfe des Jerusalem-Kreuzes konnten wir sie auch dazu bringen, über eine bestimmte Türschwelle angstfrei zu gehen, über die sie bis dahin immer getragen werden musste. Die Hündin hat schon sehr viel an Lebensqualität zurückgewonnen.

Angelika Lederer

Den psychischen Konflikt über die Wirbelsäule finden

Die Beziehung der einzelnen Wirbel zu den blockierten Glaubensmustern ist ein schneller Weg, die Ursachen zu finden. Welche Wirbel zu welchen Gefühlen gehören, finden Sie zum Beispiel in Louise Hays Buch „Heile deinen Körper" oder im Anhang (Testlisten) von „Medizin zum Aufmalen 2". Das Originalchart ist im DIN-A4-Format zu bestellen unter www.ypsilon-shop.de.

Fragen Sie im Zusammenhang mit dem Symptom – zum Beispiel Durchfall – mit der Einhandrute ab:

„Wie ist (im Zusammenhang mit dem Durchfall des Tieres) …

→ die Halswirbelsäule?"
→ die Brustwirbelsäule?"
→ die Lendenwirbelsäule?"
→ das Kreuzbein?"
→ das Steißbein?"

Chakra	Gemütszustand	mögliche negative Auswirkungen bei Blockade des Wirbels	positive Affirmationen		
7.	Lebensmut	ängstlich, verwirrt, will alles mit dem Verstand erfassen, zwanghaftes Denken, läuft vor dem Leben davon, mangelndes Vertrauen zum Höheren Selbst	Ich bin in meiner Mitte. Ich vertraue dem Schöpfer.	Halswirbelsäule	C1
6.	Träume, Vorstellungskraft	fehlende Weitsicht, weigert sich zu verstehen, weigert sich zu wachsen, will nicht hinsehen, ist unentschlossen, verleugnet die eigene Spiritualität	Ich bin eins mit dem Universum. Ich bin bereit zu wachsen.		C2
	Wachstum	standpunktlos, schwankend, unentschlossen fühlt sich schuldig, nimmt Schuld anderer auf sich Märtyrertum, „schluckt" immer alles	Ich bin nur für mich selbst verantwortlich. Ich komme gut zurecht.		C3
	Inspiration, Intuition	haltlos, weigert sich zuzuhören, verbittert, unterdrückte und angestaute Gefühle, ungeweinte Tränen	Ich bin frei. Ich genieße das Leben. Ich bin klar.		C4
5.	Selbstheilung	Überlastung, blockierte Kommunikation, blockierter stimmlicher Ausdruck, Angst vor Demütigung, Angst sich lächerlich zu machen	Ich bin gut. Ich werde geliebt. Mein Ausdruck ist klar. Ich bin sicher.		C5
	Freude	Überlastung, will andere ändern, unflexibel, leistet Widerstand, kann nicht für seine eigenen Bedürfnisse eintreten	Ich akzeptiere meine Umwelt. Ich liebe mich und sorge gut für mich.		C6
	Zellerneuerung	verwirrt, wütend, wehrlos, hilflos, lässt sich demütigen und unterdrücken, leidet allein im Stillen	Ich vergebe der Vergangenheit. Ich bin ich selbst.		C7

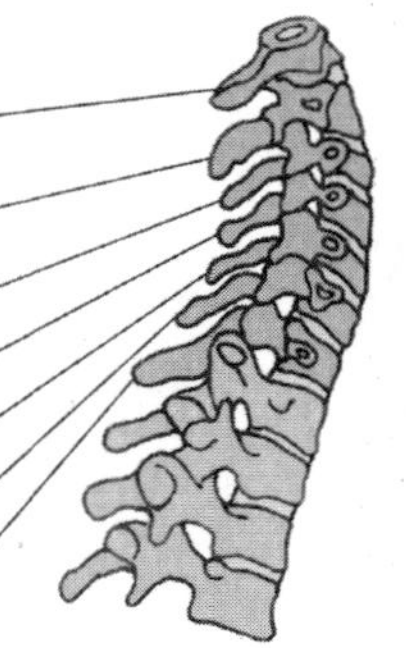

Mithilfe dieser Testliste wird es einfacher, einem Krankheitsgeschehen bestimmte seelische Ursachen zuzuordnen (vollständige Testliste siehe Anhang, Seite 178f.).

Wirbelsäulenprobleme können eine psychische Ursache haben.

Beachten Sie nur den höchsten Wert (meist 7 oder 8) und testen Sie in diesem Abschnitt der Wirbelsäule die einzelnen Wirbel der Reihe nach durch. Wenn Sie also in der Halswirbelsäule den höchsten Belastungsgrad gefunden haben, testen Sie die Halswirbel C1 bis C7 („Wie ist C1/C2/C3 ...?"). Dabei beachten Sie wiederum nur den Wirbel mit dem höchsten Belastungsgrad. Sollten mehrere Wirbel einen gleich hohen Grad anzeigen, stellen Sie die Entscheidungsfrage: „Welcher Wirbel trägt das Thema, das ich JETZT bearbeiten soll?", sodass am Ende nur ein Wirbel mit dem höchsten Grad übrig bleibt.

Von diesem Wirbel aus gehen Sie zur Spalte „mögliche seelische Ursachen" und testen jeden Satz, zum Beispiel bei C1: „Wie ist ‚Hat Angst'?", „Wie ist ‚Ist verwirrt'?" und so weiter. Der höchste Belastungsgrad zeigt an, welches Thema im Zusammenhang gelöst werden soll.

Wenn beim Testen mehrere Wirbel einen gleich hohen Grad angezeigt haben, testen Sie noch einmal, nachdem das erste Thema bearbeitet wurde. Möglicherweise will noch ein weiteres Thema behandelt werden.

Harmonisierung der Glaubenssätze mit Symbolen

- Schreiben Sie nun auf ein Blatt Papier das körperliche Symptom, zum Beispiel „Durchfall“ (wobei Sie wissen, dass der Durchfall des Tieres gemeint ist), und darunter den Glaubenssatz beziehungsweise Ihr eigenes Thema, das Sie über die Wirbelsäule oder das Gefühlsmandala gefunden haben, zum Beispiel „Hat Angst“.
- Malen Sie das entsprechende Umkehrzeichen über den Text.
- Nehmen Sie mit diesem Blatt eine Übertragung auf Wasser vor. Testen Sie aus, wie oft am Tag und wie viele Tage insgesamt dieser Vorgang geschehen soll.
- Fühlen Sie unbedingt hinein, was dieses Thema an Gefühlen bei Ihnen auslöst, und lassen Sie dies ohne Bewertungen zu!
- Testen Sie nach diesem Zeitraum, welchen Grad das Thema nun anzeigt, und wiederholen Sie eventuell die Wasserübertragung so lange, bis Sie Grad 1 erreicht haben.
- Die letzte Wasserübertragung mit Grad 1 wird mit Y übermalt.
- Testen Sie, ob das Tier diesen Zettel auch braucht (was nicht immer der Fall ist): wenn ja, was mit dem Zettel geschehen soll (zum Beispiel Wasserübertragung für das Tier machen, unter den Fressnapf legen und so weiter).

Nehmen Sie sich beim Wassertrinken genügend Zeit, um Ihre Gefühle zu spüren, aber zwingen Sie sich zu nichts! Eventuell fallen Ihnen Situationen aus der Vergangenheit ein, die mit dem Thema zu tun haben. Lassen Sie Ihren Assoziationen freien Lauf und bewerten Sie nichts. Vor allem: Machen Sie sich keine Schuldgefühle, denn damit helfen Sie weder Ihrem Tier noch sich selbst. Aber: Übernehmen Sie Verantwortung!

Fallbeispiel: Erpel Anton hat keinen Antrieb

Anton, der Erpel meiner Nachbarin Katrin, machte in letzter Zeit einen müden, deprimierten, antriebslosen Eindruck. Katrin hatte viele Jahre zufrieden für die Kinder und den Haushalt gelebt. Jetzt waren die Kinder groß. Als Antwort auf die Frage „Wer trägt den Konflikt in der Familie?" resultierte „Katrin". Über die Testung der Wirbelsäule zeigte sich der dritte Halswirbel mit Grad 7 blockiert und damit das Thema „macht sich selbst nieder". Wir schrieben auf einen gelben Zettel „Antons mangelnder Antrieb" und darunter „macht sich selbst nieder" mit 2-Strich-Sinus als Umkehrzeichen. Katrin übertrug diesen Zettel auf Wasser, in mehreren Stufen bis zum Ypsilon. Anton ging es daraufhin viel besser, er wurde wieder agiler und lebendiger. „Zufällig" sah Katrins Mann in dieser Zeit einen Laden, der gerade renoviert wurde und noch keinen Mieter hatte. Spontan entschlossen mietete Katrin den Laden und fühlt sich heute sehr wohl mit ihrem kreativen Wollgeschäft. *Roswitha Stark*

Sogar Enten können uns auf unerlöste Konflikte aufmerksam machen …

Begleitung durch positive Affirmationen

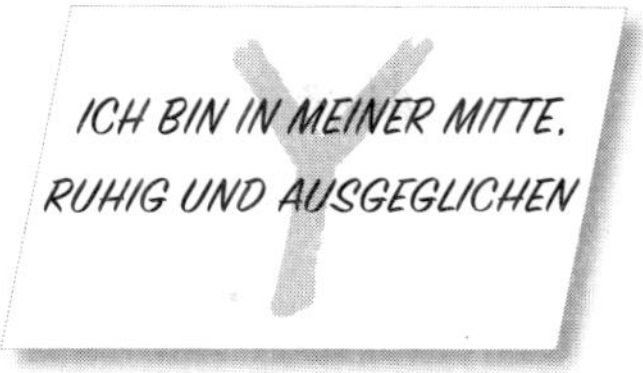

Wir empfehlen, direkt nach jeder Wasserübertragung mit dem alten Glaubensmuster sofort ein neues Denkmuster einzuprogrammieren. Denn hinter der ungesunden Verdichtung, der grauen Wolke im Energiefeld, wartet schon die Sonne, nur konnten wir ihre Strahlen bis jetzt noch nicht erkennen.

Zu diesem Zweck machen Sie jedes Mal rund fünf bis zehn Minuten nach der ersten Wasserübertragung mit dem alten Glaubenssatz eine zweite Wasserübertragung mit einer positiven Affirmation, die Sie mit einem „Y" übermalt haben. Diese positive Affirmation finden Sie zum Beispiel in der Wirbelsäulen-Übersicht bei dem Wirbel, den Sie vorher als blockiert getestet hatten, oder Sie nutzen eines der zahlreichen Affirmationsbücher, die es auf dem Markt gibt. Testen Sie wieder jeden Satz, nur wollen Sie dieses Mal einen optimalen Impuls mit Grad 1 finden.

Der Psychomeridian – das belastende Ereignis herausfinden

Wenn der Mensch das Thema des Tieres ursächlich hat, kann es manchmal zusätzlich notwendig sein, über eine Testung der Zeitlinie am Kopf - den sogenannten „Psychomeridian“ (Abbildung siehe Anhang) - das blockierende Ereignis bewusst zu machen. Über diesen Psychomeridian haben wir in den Bänden 1 und 2 ausführlich geschrieben. Neben dem Glaubenssatz finden wir so zusätzlich das Alter und das Ereignis.

- → Um herauszufinden, in welchem Alter die Ursache der seelisch-geistigen Störung liegt, fahren Sie langsam mit dem Zeigefinger vom höchsten Scheitelpunkt des Kopfes in Richtung 1. Halswirbel (Grübchen, wo der Kopf aufsitzt).
- → Beobachten Sie den Ausschlag der Rute, die Sie in der anderen Hand halten. Denken Sie dabei an das Symptom des Tieres, um das es geht.
- → Halten Sie an der Stelle ein, an der die Rute einen negativen Ausschlag (Grad 5 und schlechter) zeigt, und schätzen Sie das Alter.
- → Das Lebensalter, um das es geht, zeigt einen hohen Belastungsgrad, also Grad 7 oder 8.
- → Überlegen Sie, was in diesem Alter geschehen ist. Wenn Sie keine Idee haben, fragen Sie: „Wie ist Arbeit/Ausbildung/Schule?“, „Wie ist Familie/Mutter/Vater/Geschwister/Freunde/Verwandte/persönliche Beziehungen/Verstorbene und so weiter?“, um auf die richtige Spur zu kommen.
- → Fragen Sie, ob es nötig ist herauszufinden, mit welchen Emotionen dieses Ereignis im Zusammenhang stand. Bei einer positiven Antwort können Sie, wie unter „Glaubens-

satzarbeit“ beschrieben, mithilfe der Wirbelsäulentabelle oder des Gefühlsmandalas die blockierte Emotion herausfinden.

- → Mit all diesen Ergebnissen nehmen Sie eine Wasserübertragung mit sämtlichen Stufen vom höchsten gemessenen Grad bis zum Y vor.
- → So kann dann beispielsweise auf einem Zettel folgende Information geschrieben stehen: „Durchfall Hund, 30 Jahre, Scheidung. Fühlt sich gedemütigt.“ Darauf wird mit einem dicken Stift das gemessene Umkehrzeichen gemalt.

Es kann sein, dass Sie auf der Lebenslinie bis zur Geburt keinen negativen Ausschlag erhalten. Dann ist es wahrscheinlich, dass der Grund vor der Geburt, etwa in der Schwangerschaft oder noch davor, liegt. Fragen Sie einzeln ab:

- → Geburt
- → Schwangerschaft
- → Empfängnis
- → Zeitraum vor der Empfängnis
- → Karmisches Thema

Fallbeispiel: Zyste am Hals von Kater Ali

Franks und Birgits Kater „Ali“ hatte schon seit Monaten eine große Zyste am Hals. Regelmäßig waren sie zum Absaugen der Flüssigkeit zu einem Tierarzt gegangen, aber die Zyste füllte sich jedes Mal von Neuem mit Flüssigkeit. Über eine Behandlung mit Bachblüten war die Zyste etwas kleiner geworden, der Prozess stoppte aber dann wieder. Auf die Frage „Wer trägt das Thema?“ kamen sowohl Frank als auch Birgit heraus. Beide malten sich einen Zettel mit dem Text „Zyste am Hals von Ali“ und darunter jeweils ihr individuelles Thema, das wir über die Wirbel-Zuordnung gefunden hatten. Beide ließen sich auf ihr Thema ein und übernahmen die Verantwortung dafür. Am Kater selbst wurde nichts mehr unternommen. Kurz danach wurde die Zyste immer kleiner, bis sie schließlich vollständig verschwand. Heute – ein Jahr später – fragte ich Frank, wie es dem Kater gehe, und er erzählte, die Zyste sei nie wieder aufgetaucht. Ein solches Fallbeispiel ist ein Geschenk und zeigt uns, wie wir alle – Tier und Mensch – miteinander verbunden sind! *Roswitha Stark*

Fallbeispiel: Hund und Frauchen von Erdwespen verfolgt

Inges Golden Retriever wühlte in einem Erdwespennest, woraufhin er heftig an mehreren Körperstellen gestochen wurde. Hund und Tierhalterin rannten weg und wurden von den Wespen verfolgt. Inge wurde dabei ebenfalls gestochen. Sie kam eigentlich zu mir in die Praxis, um ein homöopathisches Mittel zu holen. Wir testeten kurz, wer das Thema trug – es war Inge. Über den Psychomeridian kam heraus: 28 Jahre. Inge fiel zunächst nichts Belastendes in diesem Zeitraum ein. Über ein Gespräch und das gleichzeitige Testen mit der Rute zeigte sich jedoch, dass sich Inge in diesem Alter mit einer speziellen Vollwert-Ernährung beschäftigt hatte, was sie aber dann wieder aufgegeben hatte. Dieses Thema war mit Grad 7 belastet. „Zufällig" hatte sie gerade nach 20 Jahren wieder angefangen, sich mit der gleichen Ernährung zu beschäftigen. Bei der Frage „Sollst du dich wieder intensiver mit dieser Ernährung beschäftigen?" zeigte die Rute Grad 1 an, also das Optimum. Das Bewusstmachen dieses Themas reichte in diesem Fall schon aus: Am nächsten Tag ging es Hund und Tierhalterin wieder gut. *Roswitha Stark*

Teil IV: Die feinstofflich-geistige Ebene der Tiere

Aura-Ebenen der Tiere

Nicht nur der Mensch, sondern auch die Tiere, ja sogar Pflanzen und Steine bestehen nicht nur aus dem, was die meisten Menschen „sehen". Im feinstofflichen Feld um die Tiere herum sind Informationen vorhanden, die bis jetzt nur wenige Menschen wahrnehmen können (sogenannte „Aurasichtige"). Aber hier können sich genauso Blockaden befinden wie auf der biologisch-physischen Ebene, auf der energetischen Ebene der Meridiane oder auf der emotionalen Ebene. Mehr noch: Wir sind der festen Überzeugung, dass eigentlich alle *Beschwerden* des Tieres von „hier draußen" ihren Ausgang nehmen. Und dass diese Beschwerden oder Symptome *immer* mit dem Tierhalter oder einer Bezugsperson des Tieres zu tun haben! Wenn wir deshalb die feinstofflich-geistigen Zentren des Tieres testen – und das sind vor allem die Aura-Schichten und die Chakren –, so sollten wir dies sinnvollerweise auch immer als Hinweis auf zu lösende Blockaden beim Menschen verstehen.

Bei den Tieren werden üblicherweise (wie bei Menschen) vier Aura-Schichten unterschieden, wobei diese „Schichten" nicht streng voneinander getrennt, sondern in ständiger Bewegung und gegenseitiger Durchdringung sind. Dies sind von innen nach außen:

1. Physische (körperliche) Aura
2. Emotionale Aura der Gefühle
3. Mentale Aura der Gedanken
4. Spirituelle Aura

Blockaden in der Aura sind wie grau-schwarze Wolken, die durch geeignete Frequenzen positiv beeinflusst werden können, zum Beispiel durch Farben, Töne, Symbole, Bachblüten,

Homöopathie, Handauflegen und so weiter. Entscheidend ist aber immer unser guter Wille beziehungsweise unsere liebevolle positive ABSICHT und die Würdigung des Tieres in seiner wunderbaren Ganzheit als unser Mitwesen auf dieser Erde. Wenn wir versuchen, aus egoistischen Beweggründen in der Aura zu manipulieren, so tritt im „besten" Fall einfach keine Heilung ein; im schlechtesten wird diese manipulative Handlung nach dem Gesetz der Resonanz auf uns zurückfallen.

Mit dieser Abbildung können Sie direkt testen, welche Aura-Schicht blockiert ist: Das entsprechende Zeichen einfach an Ort und Stelle einzeichnen. Dann testen, was mit dem Bild geschehen soll.

Einschwingen von Heilinformationen und Symbolen in die Aura

Wir können Körbler'sche Zeichen, aber auch andere Symbole in die Aura des Tieres mit unserer Gedankenkraft und Vorstellung „einmalen" oder aber, wenn dies nicht praktikabel ist, eine Abbildung des Tieres mit den eingezeichneten Aura-Schichten benutzen und die Symbole dort eintragen. Testen Sie immer genau die Stelle aus, an die das Symbol platziert werden soll, und fragen Sie stets die Zeitdauer ab. Für das mentale Einspeichern eines Symbols in die Aura benutzen wir ein kleines Ritual[1], um die Wirkdauer des Symbols von vornherein zu begrenzen:

Kraft des göttlichen Bewusstseins, das ich bin,
Kraft der göttlichen Liebe, wie wir sind,
speichere ich dieses Symbol in die Aura von xy [Name nennen].
Möge es hier so lange wirksam bleiben, wie es benötigt wird.
So sei es und so ist es.
Danke!

Außer mit den Körbler'schen Zeichen können Sie mit einer Vielzahl unterschiedlicher Symbole experimentieren. Es muss aber immer Grad 1 als optimaler Heilimpuls herauskommen. Viele Anregungen zu den verschiedenen Symbolen finden Sie in „Medizin zum Aufmalen 2".

„Dass uns der Anblick der Tiere so sehr ergötzt, beruht hauptsächlich darauf, dass es uns freut, unser eigenes Wesen so sehr vereinfacht vor uns zu sehen."
Arthur Schopenhauer

1 Vielen Dank an Werner Neuner für das Zurverfügungstellen des Textes!

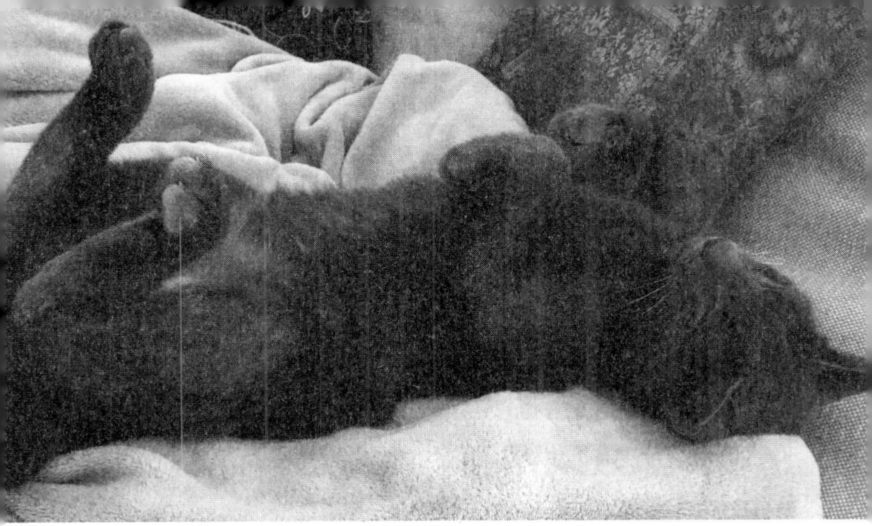

Es ist so entspannend, wenn Tiere angstfrei leben können.

Es ist für uns ein großes und wertvolles Geschenk, wenn sich die Tiere vertrauensvoll in unsere Obhut begeben. Mit ihrem Vertrauen zu uns Menschen geben sie uns so viel Liebe zurück.

Fallbeispiel: Kater legt Angst ab

Beate und ich haben nach der Seminarwoche bei Roswitha noch sehr schöne Tage bei meiner Tochter in Tirol verbracht. Diese gemeinsame Zeit haben wir auch genutzt, um unser neu erworbenes Wissen anzuwenden. Bei Silvias Kater konnten wir einen Erfolg feststellen – er hat seine Ängstlichkeit abgelegt und ist zutraulich geworden. Sein Problem konnten wir über die Fünf Elemente und die Wirbelsäule abklären. Wir haben in seine Aura Ein-Strich-Sinus eingespeichert mit der Bitte, dass es dort ab sofort mit optimaler Wirkung so lange wirksam bleibt, wie dies nötig ist. Des Weiteren haben wir eine Affirmation für ihn gesprochen. Während der ganzen Zeit saß der ansonsten scheue Kater vor uns und hat alles geschehen lassen. *Ilona Höfer*

Chakratestung und energetischer Ausgleich am Tier

Das Wort „Chakra“ stammt aus dem Sanskrit und bedeutet sinngemäß „sich drehendes Rad“. Die kreisförmigen Energiezentren fungieren sozusagen als Transformatoren der Energie. Chakren sind inzwischen bei den Menschen gut bekannt; es gibt viel Literatur darüber. Chakrendarstellungen bei Tieren findet man nur schwer, was nicht heißt, dass es diese Energiezentren bei den Tieren nicht gibt. Auch sie haben diese Wirbel aus Energie, die sich bewegen und mehr oder weniger Energie aus dem Organismus hinaus und herein lassen.

Wie die Aura, so reagieren auch die Chakren auf disharmonische Veränderungen in der Umgebung des Tieres sehr leicht mit Störungen. Das können körperliche Symptome, aber auch Verhaltensauffälligkeiten sein. Im Folgenden erhalten Sie einen Überblick über den Sitz und die Zuordnungen der sieben Hauptchakren:

Wurzelchakra

- Farbe: rot
- Sitz: Ende Kreuzbein, Schwanzansatz
- Organe: alle Organe im Beckenbereich, Hinterbeine, Muskeln, Sehnen und Gelenke
- Funktion: Orientierung, Instinkt, Gleichgewicht, Wachstum, Erdung
- Symptome: Entwicklungsprobleme, Lebensschwäche, Lebensverneinung, Autoimmunkrankheiten, Gleichgewichtsstörungen, Kreislaufstörungen, Hypotonie, Anämie, Muskelverspannungen und -verhärtungen, Lähmungen, Rheuma

Nabelchakra

- Farbe: orange
- Sitz: vor dem Nabel
- Organe: alle Organe der Bauchhöhle, Milz, Immunsystem
- Funktion: Fortpflanzung, Kreativität, Verdauung, Lebensfreude, Eingliederung in die Gemeinschaft
- Symptome: Depressionen, Heimweh, Darmprobleme, Fruchtbarkeitsstörungen, Nieren- und Blasenleiden, Prostatabeschwerden, Probleme mit den Eierstöcken, Magenerkrankungen, Immunschwäche, Bluterkrankungen

Magenchakra

- Farbe: gelb
- Sitz: vor dem Ende des Brustbeins in der Bauchregion
- Organe: Herz, Lungen, Magen, Leber, Bauchspeicheldrüse
- Funktion: Lebenswille, Lebensfreude, Aktivität, Ruhe, Aggressionen, Hingabe, Herz, Atemsystem, Angst, Kummer
- Symptome: Magen-Darm-Probleme; Erkrankungen von Leber, Bauchspeicheldrüse oder Lunge; Krämpfe, Koliken

Egal, um welche Tierart es sich handelt – alle Tiere haben Chakren.

Herzchakra

- Farbe: grün
- Sitz: über dem Herzen auf der linken Seite
- Organe: Herz, Zentralnervensystem, Schilddrüse, Hirnanhangsdrüse, Hormondrüsen
- Funktion: Liebe, Weisheit, Verständnis, Mitgefühl, Herzrhythmus, Atmung
- Symptome: Herz- und Kreislaufprobleme, Atembeschwerden, Geschwüre, Entzündungen an Muskeln, Sehnen und Gelenken, Hautekzeme, Erkrankungen des Zentralnervensystems

Halschakra

- Farbe: hellblau
- Sitz: über dem Kehlkopf
- Organe: Hals, Kehlkopf, Stimme, Vorderbeine
- Funktion: Kommunikation, Ängste, Hemmungen
- Symptome: Isolation, Instinktmangel, Zuchtdepressionen, Hoden- und Eierstockentzündungen, Analbeuteldrüsen, Infektionen und Immunschwäche, Erkrankungen der Atemwege, Halswirbelprobleme

Stirnchakra

- Farbe: dunkelblau
- Sitz: drittes Auge in der Mitte der Stirn
- Organe: Stirnzentrum, Kopf, Augen, Nase, Ohren
- Funktion: Voraussicht, Einsicht, Bewusstsein
- Symptome: Abszesse, Furunkel, Hautpilz, Haarausfall, Warzen, Erkrankungen des Zentralnervensystems, Augen- und Ohrenentzündungen

Kronenchakra

→ Farbe: violett oder gold
→ Sitz: zwischen den Ohren
→ Organe: Immunsystem
→ Funktion: Lebenskraft, Ruhe und Ausgeglichenheit, Spiritualität
→ Symptome: Infektionskrankheiten, Schlaflosigkeit, Unruhe, Angstzustände, Depressionen

Diese Stichworte erheben keinen Anspruch auf Vollständigkeit. Um einen guten Heilimpuls im feinstofflichen Feld geben zu können, müssen wir nicht immer genau „wissen", sondern einfach vertrauen und beobachten, was geschieht.

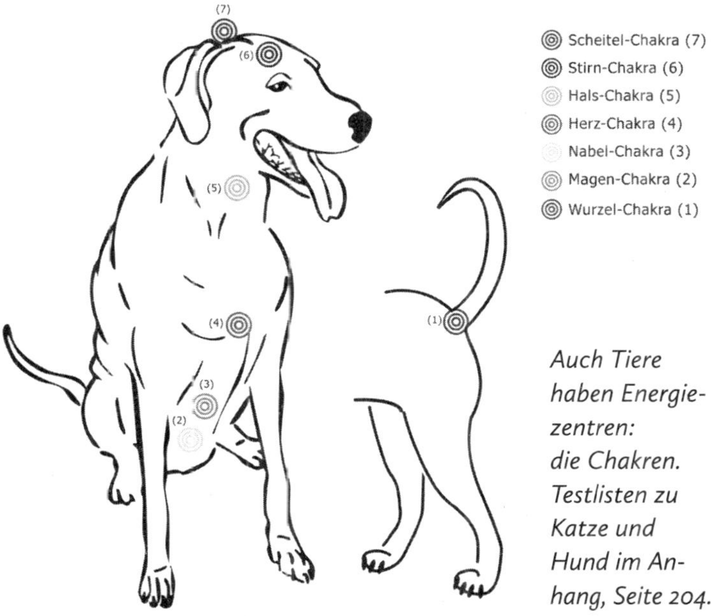

Auch Tiere haben Energiezentren: die Chakren. Testlisten zu Katze und Hund im Anhang, Seite 204.

Chakra- und Auratestung: Beispielhafte Vorgehensweise

Nehmen wir einmal an, Ihr Hund hat Durchfall, der auch nach mehrmaliger tierärztlicher Behandlung nicht besser geworden ist. Sie wollen wissen, ob das Problem auf der körperlichen, seelischen oder geistigen Ebene des Tieres liegt.

Sie stellen zum Beispiel folgende Fragen:

- „Hat dieser Durchfall eine körperliche Ursache (zum Beispiel Medikamente, Futter)?"
- „Hat dieser Durchfall eine seelische Ursache (Emotionen, Schock, Trauma und so weiter)?"
- „Hat dieser Durchfall eine Ursache auf der geistigen Ebene?" – Wenn ja: „Soll ich in den Chakren/in der Aura nach dieser feinstofflichen Verdichtung suchen?"
- „Ist hier ein unerlöstes Thema gespeichert?"
- „Hat das Tier das Thema selbst?" Oder: „Soll ich beim Tierhalter/bei der Bezugsperson weitersuchen?" „Wer muss behandelt werden, damit das Symptom des Tieres besser wird?"
- „In welchem Chakra/welcher Aura-Schicht ist das Thema gespeichert?"
- „Wo soll ich Zeichen anbringen?"
- „Soll ich geistig in die Aura/auf das Chakra des Tieres malen?" (Dann mit oben genanntem Ritual einspeichern.)
- „Soll ich – statt direkt am Tier zu arbeiten – das Zeichen auf das Blatt Papier in die jeweilige Aura-Schicht malen?" „An welche Stelle genau?"
- „Wie lange soll das Symbol wirksam bleiben?" „Wann muss es wieder weg?" (Einkreisen und Durchstreichen machen das Symbol ungültig, wenn die Zeitdauer abgelaufen ist.)

Tiere zeigen uns meist, was ihnen fehlt: Jetzt ist Zeit zum Spielen!

- „Muss neben der Bemalung ein weiteres Thema bearbeitet werden (zum Beispiel durch Übertragung auf Wasser)?“
- „Wo finde ich dieses Thema?“ „In den Fünf Elementen/der Wirbelsäulen-Zuordnung?“
- „Braucht das Tier einen positiven Satz/eine Affirmation, die ich einspeichern soll?“
- „Bekommt dieses Wasser/diese Information das Tier/der Tierhalter/beide?“ „Für wie lange?“

Beobachten Sie die Reaktionen beim Tier und beim Tierhalter, und testen Sie nach einiger Zeit nach. Fragen Sie immer, ob es noch zusätzliche Heilimpulse gibt, die sinnvoll sind (Bachblüten, Homöopathie, Spagyrik, Farben, Handauflegen und andere).

Sie können beim betroffenen Chakra auch unter „Funktion“ nachschlagen (siehe Seite 138ff.). Zeigt sich beispielsweise beim Magenchakra das Thema Lebensfreude oder Kummer, können Sie austesten, ob es hilft, wenn Sie mehr Zeit mit Ihrem Tier verbringen, mehr mit ihm spielen oder Ähnliches.

Die Gruppenseele der Tiere ansprechen

Bei staatenbildenden Tieren wie Ameisen, Bienen oder auch Spinnen kann eine Individual-Aura nicht so leicht festgestellt werden. Hier scheint es vielmehr so zu sein, dass es so etwas wie eine „Gruppenseele“, ein gemeinsames Bewusstsein der Tiere gibt, das die Funktionen und Aufgaben quasi „von oben herab“ steuert und koordiniert. Nur einzelne Tiere in diesem Verband, wie zum Beispiel die Bienenkönigin, können sinnvoll einzeln angesprochen werden.

Diese Tierverbände übernehmen gemeinsam wichtige Aufgaben für alles Leben auf diesem Planeten, auch wenn wir dies nur unzureichend verstehen. An oberster Stelle steht bei ihnen das Kollektiv, das Wohlergehen des gesamten Volkes. Das vom Aussterben bedrohte Volk der Bienen bringt uns nicht nur den Honig – das Fehlen dieser Tierart hätte weitreichende Folgen für die gesamte Menschheit. „Wenn die Biene verschwindet, hat der Mensch nur mehr vier Jahre zu leben“ – schon Albert Einstein verdeutlichte mit diesem Satz, wie ernst wir das Bienensterben nehmen sollten.

Ein anderer spiritueller Lehrer, Diethard Stelzl, berichtete in einem Seminar, dass er einmal von einer Spinne gebissen worden sei und die Wunde nicht heilen wollte. Fast sei er sogar daran gestorben. Erst als er mit der Spinnenkönigin Kontakt aufgenommen hatte und diese um Verzeihung bat, sollte er ihrem Volk unwissentlich und unbeabsichtigt etwas angetan haben, konnte die Wunde wieder heilen.

Man könnte die Gruppenseele auch als Quelle des Instinkts der Tiere bezeichnen. Spirituell Wissende beschreiben, dass je höher die Tiere entwickelt sind – etwa unsere Haustiere und einige Vogelarten –, diese auch eine umso „individualisiertere“ Seele besitzen.

Exkurs: Bienen – fürs Überleben wichtig

Ein Drittel von dem, was der Mensch an Nahrung zu sich nimmt, steht direkt oder indirekt mit der Bestäubung durch die Bienen im Zusammenhang. Nahezu jede Frucht, eine Fülle von Gemüsearten, aber auch Viehfutter wie Klee ist von der Arbeit der Bienen abhängig. Einen weltweiten Ausfall von einem Drittel der gesamten Nahrung würde der Mensch kaum oder nur in stark dezimierter Zahl überleben.

An der Bedrohung der Bienen soll vordergründig die Varroa-Milbe schuld sein. Es fragt sich aber, warum dieser Parasit unter den Bienenvölkern so wüten kann. Offensichtlich haben die Bienen in den letzten Jahren stark an Widerstandskraft verloren. Ursachen sind zum Beispiel in Monokulturen oder dem zunehmenden Elektrosmog zu suchen, doch definitiv erwiesen ist bisher nichts. Verdachtsmomente hingegen gibt es zuhauf.

Wenn nun die Bienen in so großer Zahl plötzlich sterben und das für uns zu einem die Existenz bedrohenden Problem werden kann, sollten wir uns die Frage stellen, was uns das sagen will. Es liegt in ihrem Verschwinden eine Botschaft an den Menschen, ein Hinweis auf eine notwendige Korrektur.

Werner Neuner, einer unserer wunderbaren Lehrer, hat uns gezeigt, dass wir mit unserem Bewusstsein Kontakt zum großen Geist der Bienenvölker aufnehmen können, einfach dadurch, dass wir uns diesen Tieren in liebevoller Aufmerksamkeit zuwenden.

„Wenn du eine Biene siehst, teile ihr kraft deiner Gedanken mit, dass du sie achtest und liebst. Du kannst ihr außerdem mitteilen, dass du dem großen Geist aller Bienenvölker gestattest, deinen Geist zu inspirieren." Werner Johannes Neuner

Werners Ritual möchten wir gerne weitergeben, weil wir es für so wichtig halten, um diese bedrohten Tiervölker zu schützen:

„Großer Geist der Bienenvölker!
Wir bitten dich, ziehe dich nicht zurück, sondern, im Gegenteil, bleibe mit all deiner Macht in Gegenwart aller verbliebenen Bienen, sodass sie mithilfe dieser Lebenskraft in der Lage sind, diese schwierige Situation, was immer die Ursache dafür ist, zu überdauern oder gar an Lebenskraft und Weisheit zuzunehmen. Wir Menschen lieben und ehren die Bienen und ihre Gemeinschaften und lieben und ehren dich, großer Geist der Bienenvölker!“

Die schamanischen Krafttiere

In diesem Buch haben Sie viele Hinweise darauf gefunden, wie Haustiere – zum Beispiel Hund und Katze – uns dienen, indem sie den Menschen sogar Probleme abnehmen und diese für uns „tragen“ möchten. Dass Tiere dem Menschen beistehen, ist dabei gar nichts Neues – schon seit Anbeginn der Zeiten ist die gesamte Tierwelt mit der geistigen Ebene der Menschen verbunden: Die sogenannten Krafttiere, bekannt aus den indianischen und auch aus anderen Kulturen in verschiedenen Erdteilen, stehen den Menschen in allen Lebensphasen bei und geben der Seele Kraft und Schutz.

Mit ihrer Hilfe erkennt der Schamane auch das spirituelle Wesen einer Krankheit und kann mithilfe seines Helfertieres abgespaltene Seelenanteile wieder zurückholen (verursacht etwa durch traumatische Erlebnisse) oder „Extraktionen“ vornehmen, also Krankheiten lokalisieren und herausziehen. Aus der schamanischen Mythologie ist überliefert, dass jeder Mensch eines oder mehrere Krafttiere hat, die ihm bei

Das Geisterboot: Ein Schamane reist mit Helfern und seinen Krafttieren in die Unterwelt. Deutlich erkennt man den Adler am linken Ende des Bootes.

bestimmten Herausforderungen beistehen. Manche begleiten uns sogar von Geburt an bis zum Tod. Wenn Sie Ihr Krafttier nicht kennen, fragen Sie Ihre Träume. Bestimmt wird Ihr Helfertier darin auftauchen. Versuchen Sie dann, die Kommunikation mit Ihrem unsichtbaren Helfer zu verstärken. Vielleicht treffen Sie Ihr Krafttier draußen in der Natur öfters an, oder Ihnen begegnen Bücher, Geschichten, Filme oder anderes über dieses Tier. Versenken Sie sich in Meditation und versuchen Sie, mit Ihrem Tier zu sprechen, und lauschen Sie den Antworten. Sie können Ihren Verbündeten aus der geistigen Welt in allen Angelegenheiten um Rat und Beistand bitten.

In einer schamanischen Ausbildung können Sie lernen, Ihrem Krafttier zu begegnen und wie Sie mit ihm gemeinsam auf den „schamanischen Flug" in die Unterwelt gehen, vielleicht um schamanische Heilungen durchzuführen oder um Ihrem persönlichen Geistführer zu begegnen – man sagt, das Krafttier sei auch eine Brücke zu dem persönlichen Geistführer.

Krafttiere können Sie unter allen Tierarten finden, von Reptilien, Säugetieren bis zu Vögeln. Sie können die unterschiedlichste Gestalt annehmen und Ihnen selbst als Fabelwesen – etwa als Einhorn oder Drache – erscheinen. Selbst der Teddybär, der dem Baby von seinen Eltern zum Schutz geschenkt wird, kann durch die Kraft des Glaubens an ihn beseelt sein; durch ihn können sich im wahrsten Sinne des Wortes Bärenkräfte entwickeln, die dem Kind tatsächlich Schutz, Vertrauen und Beistand gewähren. Wie auch immer Ihr Krafttier aussieht – jeder Tiergeist kann seine individuelle Hilfestellung und Botschaften an Sie weitergeben.

„Alle Tiere wissen es, nur der Mensch nicht, dass das höchste Lebensziel Freude ist."

Samuel Butler der Ältere

Wer Schutz und Kraft braucht, sollte das Krafttier Bär darum bitten.

Jedem Krafttier wird die Essenz bestimmter Botschaften zugeordnet. Wenn Sie also einem Tier in freier Wildbahn begegnen, seien Sie offen, welche wichtige Botschaft es Ihnen mitteilen möchte.

Alle Tiere können Botschaften repräsentieren, die sie zum „Krafttier" machen. Neben den gängigen Interpretationen kann jeder selbst spüren lernen, was das Tier ihm sagen möchte, vielleicht zu einer Situation, die aktuell bereinigt werden sollte. So steht zum Beispiel der Adler für eine höhere Sicht auf die Dinge, die jetzt anstehen: „Nimm doch einmal meine Perspektive von weit oben ein", so mag er sagen. „Lasse alte Gewohnheiten, Vorurteile und hinderliche Überzeugungen hinter dir und fliege mit mir!" So ähnlich beschreibt es auch Steven D. Farmer in seinem Buch „Krafttiere" (erschienen 2007 im KOHA-Verlag). Fügen Sie der jeweiligen Botschaft noch Ihre eigenen Gedanken hinzu.

Jedes Tier kann für Sie eine individuelle Botschaft tragen. Seien Sie offen, wenn Sie das nächste Mal einen Spaziergang in der Natur machen, und wandeln Sie quasi mit den Augen eines Schamanen durch die Welt!

Auch in der Neuen Homöopathie können wir mit Krafttieren arbeiten. Sehr gut hierfür eignen sich beispielsweise die Krafttierkarten von Steven Farmer. Ähnlich wie die Engelkarten können auch Krafttierkarten helfen und uns Hinweise auf bestimmte Themen geben: Testen Sie mit der Rute aus, welches Krafttier Ihnen aktuell bei einem Problem oder einer Krankheit zur Seite steht. Teilen Sie den Kartenstapel hierfür der Einfachheit halber in vier Teile und fragen Sie nach der Energiebalance-Methode ab:

- „Befindet sich mein Krafttier in diesem Stapel?" Wie immer gilt: Die „1" ist der höchste erreichbare Schwingungsgrad.
- Testen Sie dann die einzelnen Karten dieses Stapels durch.

Es ist natürlich möglich, dass nicht nur eine Karte gut testet, sondern dass Ihnen aktuell mehrere Krafttiere ihre Hilfe zu Verfügung stellen (möchten). Testen Sie dann weiter, wo Sie diese Karten aufbewahren sollen und wie lange. Sehen Sie die Karten immer wieder an und versuchen Sie, in Kontakt mit diesen Krafttieren zu kommen.

Ein eigenes Kartentestset „Medizin zum Aufmalen" mit den 64 gängigsten Symbolen aus der Heilarbeit ist 2014 (in der 4. Auflage) erschienen. Wenn Sie mit verschiedenen Symbolsystemen arbeiten, können Sie auch mit einer gewissen Systematik bei jeder Testung zuvor abfragen, aus welcher Symbolwelt das passende Symbol kommt; so ersparen Sie sich, allzu viele Symbole durchtesten zu müssen:

- Symbole aus dem Schamanismus?
- Körbler'sche Strichcodes?
- Engelsymbole?
- u.v.m.

Teil V: Ungebetene Gäste sanft umsiedeln

„Schädlinge" umsiedeln mit Umkehrzeichen

Manche Tiere lieben wir und wollen alles für sie tun – etwa unsere Haustiere. Andere Tiere sind uns lästig, wir wünschen sie sonstwohin, nur nicht in unsere Nähe. Alle kennen sie, die „Schädlinge" wie Mücken, Schnecken, Motten, Zecken, Marder, Läuse ... Und sind wir auch sonst so umwelt- und naturbewusst – hier hört der Spaß doch auf. Wenn es uns graust, nervt oder Angst macht, greifen auch wir zu drastischen Mitteln: Insektenpulver, Mäusefallen und andere Torturen – das Angebot zum Ausrotten unserer Mitlebewesen ist groß genug.

Doch sind nicht alle Lebewesen von der Schöpfung gewollt und haben daher ihre Existenzberechtigung? Können wir uns als Mensch tatsächlich über sie erheben und über ihr Leben entscheiden? Was bringt uns dazu, die einen als „Nützlinge", die anderen als „Schädlinge" zu klassifizieren? Oder gibt es nicht einen friedlichen Weg, wie wir uns zumindest miteinander arrangieren können, wenn wir uns schon nicht lieben?

Wenn wir zu einer grundsätzlich wohlwollenden Einstellung gelangen und diese kleinen Geschöpfe nicht mehr nur „um jeden Preis loswerden" oder gar „beseitigen" wollen, dann gibt es einen Weg, wie wir sie freundlich „umsiedeln" können, sodass sie uns nicht mehr so plagen:

Symbole und Zeichen – gepaart mit der guten Absicht – sind eine wunderbare Möglichkeit, den ungebetenen Gästen einen anderen Lebensraum zuzuweisen oder sie zu bitten, einen bestimmten Bereich nicht zu beanspruchen.

Mücken im Raum, Schnecken im Beet oder Läuse auf den Pflanzen und andere lassen sich sehr gut mit Umkehrzeichen umsiedeln beziehungsweise dezimieren, ohne dass wir Gewalt anwenden müssen. Es kann sein, dass nicht alle Tierchen restlos verschwinden, aber was ist schon, wenn wir ihnen einen kleinen Bereich, zum Beispiel einen von 20 Salatköpfen im Garten, überlassen? Seitdem wir unseren Schnecken mit dieser Einstellung begegnen, nerven sie uns nicht mehr.

Praktische Vorgehensweise

- Fragen Sie nach der Intensität des Befalls (Grad 1 bis 8): „Wie sind hier Ameisen/Schnecken/Mäuse/Läuse oder andere Schädlinge?“
- Schreiben Sie das Wort mit dem entsprechenden Tierbefall auf einen Zettel (optimale Farbe vorher testen).
- Malen Sie das gemessene Zeichen darüber.
- Fragen Sie: „Wo soll ich den Zettel anbringen (irgendwo hinlegen, ankleben und so weiter)?“
- „Für wie lange ... ?“
- Testen Sie nach dieser Zeit aus, ob Sie ein anderes Zeichen über das Wort malen sollen.
- Im Freien können Sie das Symbol auch auf Steine oder Schildchen malen: Fragen Sie, wie viele Steine/Schilder Sie brauchen und wohin diese gelegt werden sollen.
- Um Schädlinge von Pflanzen zu vertreiben, speichern Sie die Information zum Beispiel auf die Erde, in die Aura der Pflanze oder ins Gießwasser.
- Wenn Pflanzen von Schädlingen befallen sind, können Sie stellvertretend ein Blatt abpflücken und in eine Klarsichthülle geben: Testen Sie den Grad und malen Sie das entsprechende Umkehrzeichen auf die Hülle. Informieren Sie damit zum Beispiel das Gießwasser oder die Erde der Pflanze.
- Testen Sie ab und zu nach. Es kann zum Beispiel sein, dass nach einem Gewitter die Wirkung außer Kraft gesetzt wurde – malen Sie dann neu.

Fallbeispiel: Insekten in einer Bäckerei

Im unserem Bäckerladen erstellte ich zahlreiche Zettel mit Umkehrzeichen, zum Beispiel mit den Begriffen „Fliegen", „Gärmücken" oder „Wespen". Ich testete jeden Tag nach, wie der Grad der Belastung war, bis zum Y am Schluss. Als ich das Y gemalt hatte, kamen nur noch ganz wenige Insekten. Auch jetzt, in dieser Hitze, haben wir kaum Fliegen. *Sigrid Pflaum*

Fallbeispiel: Schutz gegen Blattläuse

Ich bin immer noch ganz verblüfft, wie gut das funktioniert hat! Mit großer Verwunderung musste ich vor einiger Zeit feststellen, dass meine Rosmarinpflanze von schwarzen, klebrigen Blattläusen befallen war, vor allem an den Spitzen. Eigentlich hatte ich angenommen, dass Parasiten das ätherische Öl dieser Pflanze gar nicht mögen, aber da hatte ich mich wohl getäuscht. Ich versuchte in der Folge einige Male, die Blattläuse abzuwischen beziehungsweise die betroffenen Spitzen der Pflanze abzuschneiden, doch die kleinen Tierchen kamen immer wieder und wurden immer mehr, vor allem an den Spitzen ... Also testete ich den Läusebefall (Grad 6), gab dann einige von den Tierchen auf ein Blatt Papier und zeichnete das Umkehrzeichen dick darüber. Danach übertrug ich das Ganze auf ein Glas Wasser, das ich gleichmäßig über die Pflanze schüttete. Zwei Tage später fuhr ich in den Osterurlaub und, siehe da, beim Zurückkommen eine Woche später war die Pflanze komplett läusefrei und ist es seitdem geblieben. *Margit Hammerer*

Fallbeispiel: Milben aus Mehlsilo vertreiben

Wir mussten bis jetzt jedes Jahr die Mehlsilos mit einem Spray behandeln, damit alle Milben abstarben. Mein Mann sagte, das Spray sei sehr giftig. „Können wir es nicht mal mit Körbler'schen Zeichen probieren?" Ich habe „Milben" auf einen Zettel geschrieben, mit dem gemessenen Grad „1-Strich-Sinus" übermalt und in das Silo gelegt. Ich habe jeden Tag nachgetestet und bei Bedarf das aktuelle Zeichen über das Wort „Milben" gemalt, bis zum Y-Zettel. Die Milben sind – genauso wie das mit dem giftigen Spray passiert wäre – auf den Boden gefallen, und das Silo konnte ausgesaugt und gleich wieder in Betrieb genommen werden.

Sigrid Pflaum

Fallbeispiel: Mücken im Raum

Bei einer Exkursion im Altmühltal im Sommer 2006 war es sehr schwül. Ich übernachtete in einem Raum unter dem Dach, in dem es nur ein kleines Dachfenster zum Lüften gab. Dieses Fenster ließ ich offen und bemerkte, als ich abends im Bett lag, dass eine Mücke ständig an meinem Ohr vorbeisummte. Ich dachte „Mist, sie hat ja nur mich als Opfer hier" und wollte auch das Fenster nicht schließen, weil es so heiß war. Ich wagte einen Versuch und fragte: „Wie ist das Thema Mücken?" – und bekam Grad 7 (= „2-Strich-Sinus") als Antwort. Ich schrieb „Mücken" auf einen Zettel, malte „2-Strich-Sinus" darüber und legte ihn auf meinen Nachttisch. Obwohl ich die einzige „stechbereite" Person im Raum war, ließ mich die Mücke die ganze Nacht in Ruhe. Auch am nächsten Tag war keine Mücke im Zimmer zu finden.

Roswitha Stark

Fallbeispiel: Holzwürmer in den Deckenbalken

Wir verbrachten unseren Toskana-Urlaub in einem alten Haus mit Holzbalken an der Decke. Ich schlief in einem Zimmer, nebenan meine Tochter und meine Nichte. Schon in der ersten Nacht war klar, dass über uns an der Decke Holzwürmer mit ihrem Mahlwerkzeug zugange waren – es war laut und ging die ganze Nacht, und auch tagsüber waren die mahlenden Geräusche deutlich zu hören! Ich unternahm einen Versuch: Ich fragte, ob es Sinn macht, einen Zettel zu schreiben. Ja! Ich schrieb „Holzwürmer“ auf einen Zettel mit dem ausgetesteten Umkehrzeichen darüber und fragte, wo ich ihn hinlegen sollte. Auf eine Kommode im Raum. Hier sollte er drei Tage lang liegen. Schon in der nächsten Nacht war es deutlich ruhiger und es blieb so die nächsten Tage in meinem Zimmer. Allerdings schimpfte mich meine Tochter am nächsten Tag, denn in ihrem Zimmer war es umso lauter geworden; anscheinend waren die Holzwürmer dorthin „ausgewandert“.

Roswitha Stark

Fallbeispiel: Schneckenfreie Zone

Die erfahrene Symbole-Anwenderin Christina Baumann erstellt sich, wenn sie Schnecken loswerden möchte, ein laminiertes Kärtchen, das mit den Worten „schneckenfreie Zone“ und dem darüber gemalten, gemessenen Umkehrzeichen versehen ist. Dieses Kärtchen (manchmal auch mehrere dieser Art) wird dann ins Beet gesteckt. Diese Maßnahme ist wirksam! Es darf jedoch nicht vergessen werden, das Zeichen ab und zu nachzutesten. Lange habe ich überlegt, warum das funktioniert, denn: Wenn die Formulierung „schneckenfrei“ heißt, müsste eigentlich das

Umkehrzeichen diese Information umkehren und Schnecken anziehen? Die Auflösung lautet: Das Universum blendet verneinende Worte wie „kein", „nicht", „Verbot", „frei von" und ähnliche schlichtweg aus. Versuchen Sie es einfach mit Christinas Formulierung! *Roswitha Stark*

Fallbeispiel: Marder wandern aus

Eine Kursteilnehmerin hatte Marder samt Jungtieren unter dem Dach wohnen. Sie und ihr Mann wollten aber kein Gift einsetzen, um sie loszuwerden. So versuchten sie es mit Umkehrzeichen. An drei Stellen sah man deutlich die Spuren an der Hauswand – hier wanderten die Marder ins Haus. An jede dieser Stellen brachten die Besitzer einen Zettel in Klarsichthülle an, auf den sie jeweils „2-Strich-Sinus" (vorher ausgetestet) gemalt hatten. Sie hatten nicht einmal das Wort „Marder" darauf geschrieben (was aber möglich gewesen wäre), sondern stellten sich beim Anbringen der Zeichen intensiv vor, wie die Marder jetzt das Haus verlassen und an einen anderen guten Ort auswandern würden. Die Nachbarin beobachtete daraufhin, wie die Marder mit ihren Jungen im Maul Haus und Grundstück verließen. Die Besitzerin erblickte sogar einen Marder, wie er sich die Stellen am Haus ansah, dann kehrtmachte und niemals wieder auftauchte. Seitdem ist das Haus vollständig frei von Mardern. *Roswitha Stark*

Plagegeistern auf den wahren Grund gehen

Warum piesacken sie ausgerechnet immer mich? Das könnte man sich schon einmal fragen, wenn man am Abend auf der Terrasse sitzt und von Mücken zerstochen wird, während der liebe Ehepartner seelenruhig und völlig unangetastet gleich nebenan sitzt. „Schlechtes oder süßes Blut“ heißt es dann, aber vielleicht könnte es auch hier die eigene Schwingung ausmachen, die die Tierchen beim einen mehr anzieht, beim anderen weniger. Und wieso kann der eine die Motten im Schrank ganz einfach vertreiben, während der andere „schon alles versucht hat“? Da krieg' ich doch die Motten! Wieso hat immer mein Kind Läuse und das Nachbarskind nie? Da laust mich doch der Affe!

Es ist KEIN Zufall, dass gerade der eine Mensch oder das eine Tier ständig belästigt wird, während ein anderer seine Ruhe hat. Wollen uns die störenden Tierchen vielleicht auf etwas hinweisen? Unsere Gedanken und oft wiederholte Worte, die wir unbedacht dahinsagen, schaffen unsere Realität mit! Achten Sie einmal bewusst darauf, welche Worte und Redensarten Sie öfter verwenden und was dies für Folgen hat.

Und wenn alle Achtsamkeit nicht hilft und es schon zu spät ist, weil wir bereits gestochen oder gebissen worden sind: Das Sinus-Zeichen wirkt hier hervorragend als Erste Hilfe; malen Sie es direkt über die Einstich- bzw. Bissstelle auf. Mittlerweile gibt es Hunderte von Erfahrungsberichten, die einhellig bestätigen, dass sich mit dieser simplen Maßnahme die Entstehung von übermäßigem Juckreiz oder Entzündungen beziehungsweise eine Quaddelbildung vermeiden lässt.

Fallbeispiel: Hartnäckige Motten im Schrank

Die Inhaberin eines Kunsthandwerkgeschäftes hatte Motten im Schrank. Katrin, die bereits einen Zettel „Motten" mit Umkehrzeichen im Laden ausgelegt hatte, wollte einen Rat, nachdem die Falter noch nicht ganz verschwunden waren. Spontan fiel mir ein zu fragen: „Sagt sie öfter ‚Da krieg' ich doch die Motten?'" Katrin achtete darauf und bestätigte dies nach einiger Zeit. Sie fragte daraufhin mithilfe der Wirbelsäulenabbildung das korrespondierende Seelenthema ab und schrieb dieses auf mehrere Zettel mit Umkehrzeichen. Diese sollte sie im Raum an verschiedenen Stellen auslegen. Ein Zettel „Motten" mit dem entsprechenden Umkehrzeichen sollte nur einmal geschrieben und in den Raum gelegt werden. Daraufhin wurde es sehr viel besser. *Roswitha Stark*

Fallbeispiel: Zecke erinnert an verstorbene Brüder

Ich entdeckte auf meinem Bauch eine Zecke, die sich jedoch noch nicht festgesaugt hatte. Am Tag darauf zeigte sich dennoch ein roter Ring, was ein Anzeichen für Borreliose sein kann. Ich versuchte, ohne Angst zu fragen: „Hast du mir etwas zu sagen?" – Ja! Ich sollte das Wort „Zecke" und ein Ursachenthema auf einen roten Zettel schreiben. Über den Psychomeridian fand ich heraus, dass das Thema vor meiner Geburt entstanden war: Zwei meiner Brüder waren gestorben, ich hatte sie nie kennengelernt. Das trieb mir die Tränen in die Augen; ich ging mental mit meinen Brüdern in Kontakt und würdigte sie, so wie ich es noch nie getan hatte. Auf dem Zettel für die Wasserübertragung stand „Zecke" und darunter „Brüder" mit „2-Strich-Sinus". Schon nach der ersten Wassereinnahme verschwand der rote Ring für immer. *Roswitha Stark*

Fallbeispiel: Läuse in der Schule

Eine Klasse in der Schule hatte immer wieder mit Läusebefall zu kämpfen. Es waren aber nicht alle Schulklassen betroffen. Um die schädlichen Stoffe für die Beseitigung der Tierchen zu vermeiden, machten wir einen Versuch: Wir schrieben das Wort „Läuse“ auf mehrere grüne Zettel (die Farbe hatten wir vorher getestet) und testeten als belastendes Thema mithilfe der Wirbelsäulen-Zuordnung „Widerstand“. Diesen Begriff schrieben wir nun auch noch auf den Zettel und übermalten alles mit „2-Strich-Sinus“, denn diesen Grad zeigte die Belastung bei der Abfrage mit der Einhandrute. Die Wörter auf dem Zettel sollte die Lehrerin auf eine Sprayflasche (mit der man Blumen besprühen kann) übertragen und mehrere Tage in den Raum sprühen, bevor die Kinder morgens in die Klasse kamen. Zusätzlich sollte der Zettel an mehreren Stellen im Raum ausgelegt werden. Danach musste der Grad neu getestet werden, bis sich Grad 1 zeigte. Es ist seitdem viel besser geworden und auch die Schüler wirken entspannter.

Roswitha Stark

Der Einsatz weiterer Symbole

Die „Transformationskarte".

Wir haben Ihnen viele Beispiele mit Strichcodes dargelegt, die zeigen, wie man Tierchen umsiedeln kann. Sie können aber auch Experimente mit anderen Symbolen machen. In „Medizin zum Aufmalen 2" finden Sie viele Vorschläge, an dieser Stelle würde das jedoch den Rahmen dieses Buches sprengen. Beispielhaft möchten wir Ihnen jedoch wenigstens ein Symbolsystem vorstellen, das sich vorzüglich eignet: Werner Neuners drei „Venuskarten", und hier vor allem die „Transformationskarte".

Sie können dieses Symbol mental an eine bestimmte Stelle „zeichnen" oder etwa auf Kieselsteine malen, die Sie an bestimmte Stellen im Raum oder im Garten setzen, zum Beispiel im Quadrat oder im Dreieck. Bevor Sie einen Stein wegtragen, nehmen Sie ihn in die Hand und fragen ihn mithilfe der Rute, ob er bereit ist, mit Ihnen zu kommen und eine neue Aufgabe zu übernehmen.

Für den Garten eignen sich auch größere Symbolsteine, in die die getesteten Zeichen individuell vom Steinbildhauer per Hand eingemeißelt werden können.

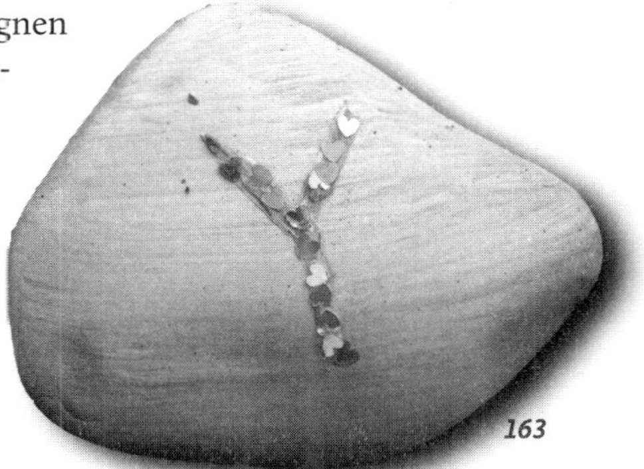

Stimmen Sie sich in aller Ruhe auf dieses Vorhaben ein, legen Sie den Stein mit dem darauf gezeichneten Symbol auf die betreffende Stelle, verbinden Sie sich dann mit dem Höheren Selbst der ungebetenen Gäste und sprechen Sie (Beispiel Mäuse):

Liebe Mäuse und lieber Mäuse-Geist,

ich anerkenne und respektiere euch und ich weiß,
dass ihr genauso eine Daseinsberechtigung habt wie ich
und alles andere auf dieser Erde.
Aber ich fühle mich durch eure Aktivitäten
in meinem Garten bedroht und bitte euch deshalb,
einen anderen Lebensraum außerhalb meines Gartens
aufzusuchen.
Ich segne die Symbol-Energie der Venus
und euch und ich bedanke mich.
So sei es und so ist es.

Bei jedem Symbolstein, den Sie setzen, sprechen Sie die gleiche Formel.

Fallbeispiel Fischreiher: Teiche mit Symbolen schützen

Eine meiner Kursteilnehmerinnen hatte einen Fischteich, den regelmäßig ein Fischreiher besuchte, der sich schon entsprechend viele Zuchtfische aus dem Teich geholt hatte. Daraufhin brachte sie mit mentaler Kraft das Zeichen der Transformationskarte an mehreren Seiten des Fischteiches an, woraufhin der Fischreiher eine Zeit lang nicht mehr auftauchte.

Werner Neuner

Wenn ich morgens früh meine Augen öffne, noch schlaftrunken ins erste Tageslicht blinzele, und die ersten Töne, die ich höre, das fröhliche Zwitschern der Amseln in meinem Garten sind –
dann ist das Glück!

Wenn ich ins Bad schlurfe und meine Katze schnurrend hinter der Tür lauert, sobald ich bei ihr bin, sich in froher Erwartung morgendlicher Schmuseeinheiten an mein Bein drückt –
dann ist das Glück!

Wenn ich begleitet von einem gelben Zitronenfalter die Zeitung aus dem Postfach hole und auf dem Rückweg der Hund der Nachbarin hoch aufgerichtet am Zaun steht, schwanzwedelnd mich mit feiner Geruchsschnauze erspäht hat, und ich ihm freundlich den Kopf kraulen darf –
dann ist das Glück!

Und wenn ich dann endlich beim Frühstück auf meiner Terrasse sitze und über den Rand der Tageszeitung die Bienen summend erspähe, die sich auf dem blühenden Frühlingsbusch tummeln, und ich dankbar an den wohlschmeckenden Honig denke –
dann ist das Glück!

Roswitha Stark

Anhang

Danksagung an Mensch und Tier

Wir möchten an dieser Stelle allen guten Geistern danken, die bei der Entstehung dieses Buches mitgewirkt haben. Allen voran unserem Verleger Raphael Mankau, der unseren außergewöhnlichen Ideen stets aufgeschlossen gegenübersteht. Außerdem Christina Baumann vom Ypsilon-Portal, Alvina Kreipl und Sylvia Trautmann für ihre zuverlässige Zuarbeit mit den Schautafeln und Abbildungen. Rudolf Fridum gebührt ein besonderes Dankeschön für seine Mithilfe beim Kapitel der Meridiane und beim Thema „MFT bei Tieren". Wir danken allen Kursteilnehmern, Bekannten und Freunden, dass sie so fleißig Fallbeispiele beigetragen haben. Wir danken allen unseren Lehrern.

Aber vor allem gilt unser Dank euch Tieren und Tiervölkern, die ihr euch zur Verfügung gestellt habt, damit wir dieses schöne Buch schreiben durften, nicht nur um euch zu heilen, sondern auch uns Menschen selbst und damit unsere große Mutter Erde. An euch darf unsere Menschenseele lernen und wachsen – wir verneigen uns vor euch. Danke!

„Lerne, mit einem Tier so zu kommunizieren,
wie du es mit deinem Bruder tust.
Beobachte es, sieh zu, wie es lebt,
versuche, hinter seine Träume zu kommen.
Stimme dich ruhigen Geistes auf das Tier ein
und achte auf all seine Emotionen.
Dann wird seine Seele sanft auf dich zugleiten.
Es wird dir seine Liebe,
aber auch seine Kraft schenken."

Aus dem Indianischen

Zu den Autorinnen

Petra Neumayer (geb. 1960) lebt als freie Medizinjournalistin, Dozentin und Autorin in München. Sie hat zahlreiche Bücher über Nahrungsergänzungen, Alternativmedizin und Naturheilkunde veröffentlicht, u. a. den Bestseller „Heilen mit Zahlen“, und gibt Workshops zur Neuen Homöopathie und über Kreatives Schreiben.

Angebote und Termine der Autorin: www.skripthaus.com

Roswitha Stark (geb. 1959) ist Heilpraktikerin für Schwingungsmedizin, sensitive Resonanztherapien und energetische Heilweisen; zudem Kursleiterin für Informationsmedizin, Heilen mit Symbolen und Rutentechnik. Sie arbeitet für Menschen und Tiere.

Praxis und Seminar-Angebote der Autorin: www.heilpraxis-stark.de

Haben Sie Fragen an den Verlag?
Anregungen zum Buch?
Erfahrungen, die Sie mit anderen teilen möchten?
Besuchen Sie unsere sozialen Netzwerke:
www.mankau-verlag.de/forum

Weitere Titel zur Neuen Homöopathie

Roswitha Stark
Medizin zum Aufmalen
Das Basisbuch
Heilen mit Zeichen und Symbolen
ISBN 978-3-86374-691-9

Petra Neumayer & Roswitha Stark
Medizin zum Aufmalen
für Kinder
Sanfte Heilung und Entwicklungsförderung vom Säugling bis zum Schulkind
ISBN 978-3-86374-412-0

Petra Neumayer & Roswitha Stark
Heilen mit Symbolen
Die 64 wichtigsten Heilzeichen
ISBN 978-3-86374-336-9

Petra Neumayer & Roswitha Stark
Kartenset Medizin zum Aufmalen
64 Symbolkarten
ISBN 978-3-938396-59-9

Christina Baumann & Roswitha Stark
Praxisbuch Neue Homöopathie
20 bewährte Testlisten für den Einsatz in der Pendel-, Tensor- oder Kinesiologie-Praxis
Mankau Verlag
ISBN 978-3-86374-106-8

Christina Baumann & Roswitha Stark
Praxisbuch Neue Homöopathie
Band 2
20 neue Testlisten für den Einsatz in der Pendel-, Tensor- oder Kinesiologie-Praxis
Mankau Verlag
ISBN 978-3-86374-721-3

Literaturempfehlungen

Baumgart, Liesel/Hand, Marlies
Bach-Blüten für Tiere
Oertel+Spörer Verlag
ISBN 978-3886279043

Becvar, Dr. med. vet. Wolfgang
Naturheilkunde für Katzen
Kosmos Verlag
ISBN 978-3440098189

Dahlke, Ruediger
Krankheit als Symbol
C. Bertelsmann Verlag
ISBN 978-3570122655

Daubenmerkl, Wolfgang
Tierkrankheiten und ihre Behandlung
Wissenschaftliche Verlagsgesellschaft
ISBN 978-3804721036

Day, Christopher
Homöopathie in der Kleintierpraxis
Sonntag Verlag
ISBN 978-3830490852

Farmer, Ph.D. Steven D.
Krafttiere
Koha Verlag
ISBN 978-3936862980

Farmer, Ph.D. Steven D.
Krafttier Karten
44 Karten mit Anleitung
Koha Verlag
ISBN 978-3936862973

Grimm, Hans-Ullrich
Katzen würden Mäuse kaufen – Schwarzbuch Tierfutter
Heyne Verlag
ISBN 978-3453600973

Hay, Louise
Heile deinen Körper
Lüchow Verlag
ISBN 978-3783190106

Klinghardt, Dr. med. Dietrich/ Schmeer-Maurer, Amelie
Handbuch der Mentalfeld-Techniken
VAK Verlagsgesellschaft
ISBN 978-3867310406

Morris, Desmond/Bulle, Gisela
Catwatching: Die Körpersprache der Katzen
Heyne Verlag
ISBN 978-3453172593

Pert, Cancade B.
Moleküle der Gefühle
Rowohlt Tb
ISBN 978-3499613395

Petry, Dr. Gunter
Informationsmedizin Neue Heilungschancen für akut und chronisch Kranke
kostenloser Download unter: www.institut-fuer-informationsmedizin.de

Roy, Ravi/Lage-Roy, Carola
Homöopathischer Ratgeber – Mensch und Tier
Lage und Roy Verlag
ISBN 978-3929108163

Simon, Swanie
BARF – Biologisch artgerechtes rohes Futter für Hunde
Verlag Drei Hunde Nacht
ISBN 978-3939522003

Sonnenschmidt, Rosina
Das Tier im Familiensystem – Psychologischer Ratgeber für Tierarzt und Tierhalter
Sonntag Verlag
ISBN 978-3830490326

Sonnenschmidt, Rosina
Farb- und Musiktherapie für Tiere
Sonntag Verlag
ISBN 978-3877581858

Sonnenschmidt, Rosina
Ganzheitliche Vogeltherapie mit Homöopathie und TCM
Sonntag Verlag
ISBN 978-3934196087

Sonnenschmidt, Rosina
Kraulschule für zahme Vögel
Ulmer Verlag Stuttgart
ISBN 978-3800168729

Sonnenschmidt, Rosina
Tierkinesiologie
Sonntag Verlag
ISBN 978-3830491163

Sonnenschmidt, Rosina/ Wagner, Marion
Neues Heilen – Vögel, Akupunktur, Homöopathie, Farbtherapie, Bach-Blütentherapie
Ulmer Verlag
ISBN 978-3800173327

Steingasser, Hans Martin
Homöopathische Materia Medica für Veterinärmediziner
Maudrich Verlag
ISBN 978-3851758511

Raum&Zeit spezial 11
Ganzheitliche Tiertherapie
Ehlers Verlag
ISBN 978-3934196568

Lipton, Bruce/McTaggart, Lynne/ Sheldrake, Rupert
The Living Matrix – Heilweisen der Zukunft (DVD)
Koha Verlag
ISBN 978-3-86728-112-6

Weitere Bücher von Petra Neumayer

Selbstcoaching mit Symbolen
Die heilsame Arbeit mit der Symbolscheibe
Mankau Verlag
ISBN 978-3-86374-243-0

Heilen mit Zahlen
Von der Zahlenmystik bis zum spirituellen Codesystem
Mankau Verlag
ISBN 978-3-86374-013-9

Hahnemanns Erbe
Skripthaus Verlag
ISBN 978-1-48195-860-8

Natürliche Antibiotika
Econ List Verlag
ISBN 978-3-548-36600-5

Multitalent Zink
Gesund, schön und ausgeglichen mit dem lebenswichtigen Spurenelement
Mankau Verlag
ISBN 978-3-86374-317-8

Aloe vera: Beauty Gesundheit Lebenskraft
Skripthaus Verlag
ISBN 978-1523622962

Erste Hilfe bei Hitzewallungen & Co.
Mankau Verlag
ISBN 978-3-86374-435-9

Weitere Bücher von Roswitha Stark

Homöopathische Symbolapotheke (Band 1)
101 Schwingungsmittel für den Soforteinsatz
Mankau Verlag
ISBN 978-3-86374-400-7

Familienstellen mit Symbolen
Optimale systemische Lösungen auf dem Papier entwickeln
Mankau Verlag
ISBN 978-3-86374-471-7

Rituale im Jahreskreis
Heilung für Körper, Seele und Erde im Rhythmus der Natur
Mankau Verlag
ISBN 978-3-86374-168-6

Heilen mit Seelencodes
Symbole, Zahlen, Buchstaben und Wörter als Schlüssel zur Matrix
Mankau Verlag
ISBN 978-3-86374-044-3

Strichcoding
144 kraftvolle Heilzeichen für den Soforteinsatz
Mit A2-Plakat für die einfache Anwendung!
Mankau Verlag
ISBN 978-3-86374-284-3

Internetadressen

www.heilpraxis-stark.de
Kontakt zur Autorin und Heilpraktikerin Roswitha Stark: Einzelseminare und Kurse, Spezialkurse, Intensiv-Ausbildung zum Themenkomplex „Medizin zum Aufmalen – Heilen mit Symbolen für Mensch, Tier und die Erde“.

www.skripthaus.com
Kontakt zur Autorin Petra Neumayer: 3-Stunden-Workshop „Einführung in den Umgang mit der Einhandrute“ – Verträglichkeiten testen lernen.

www.heilen-mit-symbolen.info
Blog mit weiteren Informationen rund um das „Heilen mit Symbolen“ – außerdem alle Symbole-Veröffentlichungen von Petra Neumayer, Roswitha Stark und Christina Baumann.

www.ypsilon-portal.de
Netzwerk für Körbler-Freunde. Informationen zur Neuen Homöopathie, Ausbildungstermine und Therapeuten nach Postleitzahlen.

www.ypsilon-shop.de
Einhandruten und nützliche Arbeitsmaterialien für Anwender, Berater und Therapeuten.

www.ypsilon-forum.de
Informationen und Tipps rund um biophysikalische Informations- und Energiemedizin.

www.deine-aufrichtung.de
Grafiken für die Neue Homöopathie, Geistige Aufrichtung, Reiki-Seminare, Massagen.

www.das-tagewerk.de
Grafiken und Wohnraumverschönerung.

www.praneohom.de
Informationen zur Praxisorientierten Neuen Homöopathie.

www.supra-cell.de
Bachblütenmischungen für Tiere.

www.fridum.de
Rutenkurse, Beraterausbildung. Spezialgebiet: Neue Homöopathie für Pferde und Kleintiere.

www.wernerneuner.net
Seminare, Symbole und Bücher von Werner Johannes Neuner.

www.impfkritik.de
Kritische Beiträge zum Thema Impfen.

www.varuna-steinkunst.de
Symbole in Stein, Reliefs, Steinkunst von Bildhauerin Varuna.

Testlisten und Arbeitshilfen

Psychomeridian

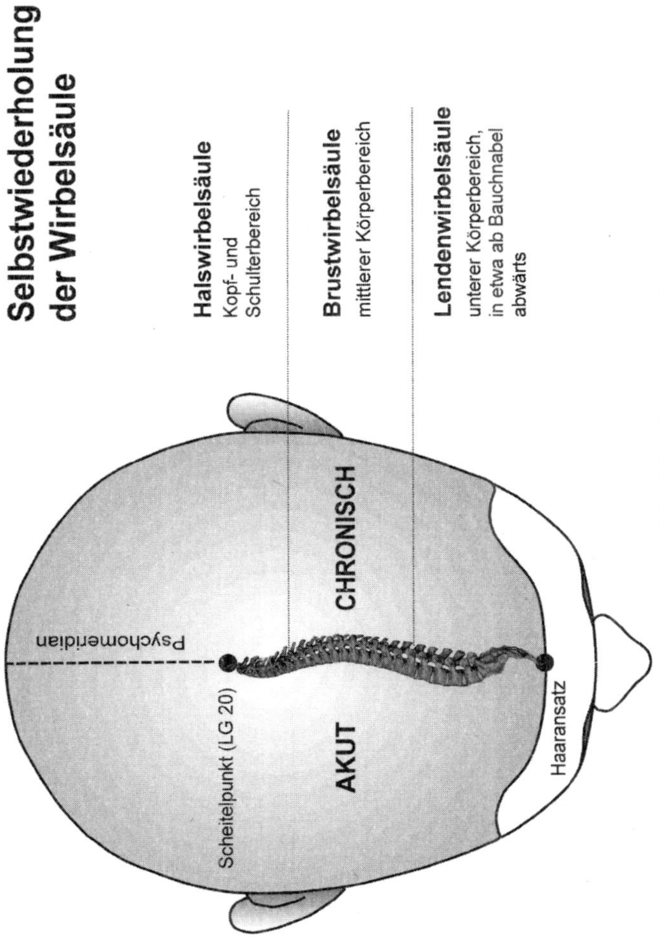

Grafik: Alvina Kreipl, ©Christina Baumann

Wirbelsäule – psychische Themen

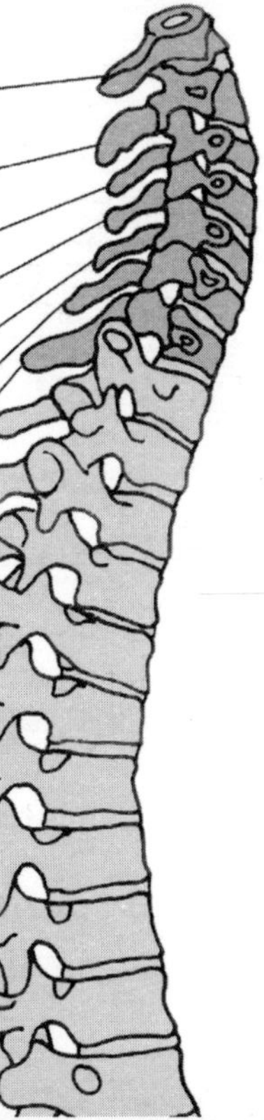

Chakra	Gemütszustand	mögliche negative Auswirkungen für Blockade des Wirbels	positive Affirmationen		
7.	Lebensmut	ängstlich, verwirrt, will alles mit dem Verstand erfassen, zwanghaftes Denken, läuft vor dem Leben davon, mangelndes Vertrauen zum Höheren Selbst	Ich bin in meiner Mitte. Ich vertraue dem Schöpfer.	Halswirbelsäule	C1
6.	Träume, Vorstellungskraft	fehlende Weitsicht, weigert sich zu verstehen, weigert sich zu wachsen, will nicht hinsehen, ist unentschlossen, verleugnet die eigene Spiritualität	Ich bin eins mit dem Universum. Ich bin bereit zu wachsen.		C2
	Wachstum	standpunktlos, schwankend, unentschlossen, fühlt sich schuldig, nimmt Schuld anderer auf sich, Märtyrertum, „schluckt" immer alles	Ich bin nur für mich selbst verantwortlich. Ich komme gut zurecht.		C3
	Inspiration, Intuition	haltlos, weigert sich zuzuhören, verbittert, unterdrückte und angestaute Gefühle, ungeweinte Tränen	Ich bin frei. Ich genieße das Leben. Ich bin klar.		C4
5.	Selbstheilung	Überlastung, blockierte Kommunikation, blockierter stimmlicher Ausdruck, Angst vor Demütigung, Angst sich lächerlich zu machen	Ich bin gut. Ich werde geliebt. Mein Ausdruck ist klar. Ich bin sicher.		C5
	Freude	Überlastung, will andere ändern, unflexibel, leistet Widerstand, kann nicht für seine eigenen Bedürfnisse eintreten	Ich akzeptiere meine Umwelt. Ich liebe mich und sorge gut für mich.		C6
	Zellerneuerung	verwirrt, wütend, wehrlos, hilflos, lässt sich demütigen und unterdrücken, leidet allein im Stillen	Ich vergebe der Vergangenheit. Ich bin ich selbst.		C7

Chakra	Gemütszustand	mögliche negative Auswirkungen für Blockade des Wirbels	positive Affirmationen		
4.	Selbstsicherheit	Überlastet sich gerne, muss zu viel bewältigen, trägt viel auf den Schultern, will/muss alles selbst tun, mangelndes Vertrauen in das Leben	Ich gehe mit Leichtigkeit durchs Leben. Ich darf Hilfe annehmen.	rbelsäule	Th1
	Schwindel, Brechzentrum	lieblos, freudlos, hartnäckig, weigert sich zu fühlen, Angst vor Verletzung, Angst vor Schmerz, verschließt sein Herz	Ich öffne mein Herz. Ich gebe und empfange Liebe. Friede ist in mir.		Th2
	Temperaturempfinden	zieht sich zurück, steht für seine Bedürfnisse nicht ein, hat keine eigene Meinung, innerliches Chaos, alte, schmerzhafte Verletzungen, unfähig zu kommunizieren.	Ich vergebe allen und mir selbst. Ich vertraue mir und baue auf mich.		Th3
	Ernsthaftigkeit	unterdrückte innerliche Wut, verbittert, verurteilt andere, ist hart zu anderen und zu sich selbst, verbissene Zielstrebigkeit	Ich schenke mir und anderen Vergebung und Freiheit.		Th4
	Denken	sorgt sich um andere, ist traurig, vernachlässigt sein „inneres Kind", angestaute Gefühle, will nicht fühlen und Emotionen verarbeiten.	Ich bin bereit zu leben. Das Leben meint es gut mit mir.		Th5
	Kunst	ist wütend auf das Leben, sorgt sich viel, Angst vor der Zukunft, gehemmte Emotionen, gibt sich Süchten hin (Essen, Drogen, Alkohol)	Ich vertraue auf die Zukunft. Alles entwickelt sich gut.		Th6

3.	Kreativität	sammelt viel Schmerz auf, bäumt sich innerlich auf, verweigert sich jeglichen Genuss	Ich lasse los. Ich nehme die Süße des Lebens dankbar an.	Rückenwi	Th7
	Musik	ist starr, macht sich viele Sorgen, denkt ständig ans Scheitern, wehrt sich gegen den Fluss des Lebens, erkennt das Gute in sich selbst nicht an	Ich bin offen für das Gute. Ich werde vom Leben getragen und geliebt.		Th8
	Sprache	ist vorwurfsvoll, unterdrückt aggressive Gefühle, geht in die Opferrolle, fühlt sich im Stich gelassen, wird allergisch	Ich erschaffe meine Realität selbst.		Th9
	Trauer	gibt anderen die Schuld, Opferrolle, weigert sich Verantwortung zu übernehmen, problematische Partnerschaften (Ehe, Eltern, Kinder, Kollegen, etc.)	Ich gebe und empfange Freude und Liebe.		Th10
2.	Tapferkeit	Beziehungsängste, Kontaktprobleme, unsicher und ängstlich, mangelndes Selbstbewusstsein	Ich bin es wert geliebt zu werden.		Th11
	Nächstenliebe	Angst vor Liebe, glaubt kein Recht zu haben zu leben, Schwierigkeiten vom Vergangenen loszulassen	Ich habe ein Recht zu leben, zu lieben und geliebt zu werden.		Th12

	Träume, Vorstellungskraft	unsicher, will alleine sein, schreit nach Liebe, Schwierigkeiten mit Neuanfängen	Ich bin vom Leben geliebt und unterstützt.	Lendenwirbelsäule	L1
2.	Gutmütigkeit	verkrampft, gerät schnell in Panik, findet keinen Ausweg, ist in einer schmerzhaften Kindheitserfahrung hängen geblieben	Ich wachse über meine Grenzen und Konditionierungen hinaus.		L2
	Lebensmut	mangelndes Geborgenheitsgefühl, sexueller Missbrauch, fühlt sich schuldig, hasst sich selbst	Ich lasse die Vergangenheit los. Ich bin geliebt und in Sicherheit. Ich sage ja zu meiner Sexualität.		L3
1.	Wachstum	lehnt Sexualität ab, Ohnmachtsgefühle, Angst um finanzielle Sicherheit	Ich bin sicher. Ich bin in meiner Kraft. Ich liebe den, der ich bin.		L4
	Inspiration, Freude	unsicher, wütend, Ausdrucksschwierigkeiten, kann Lust nicht annehmen und ausleben	Ich verdiene es Freude zu haben. Ich nehme meine Lust an.		L5

1.	Selbstheilung, Sicherheit	alte, unterdrückte und verbohrte Aggressivität, Kraft- und Machtverlust	Ich bin in meiner Kraft. Ich bin die Autorität in meinem Leben.	Kreuzbein
	Denken, Kunst, Kreativität	mangelnde Erdung, innerliches Ungleichgewicht, Dogmatismus, hält fest, macht sich selbst Vorwürfe, bleibt auf altem Kummer und Leid „sitzen“	Ich bin in Balance. Ich lebe im Jetzt. Ich liebe mich so, wie ich bin.	Steißbein

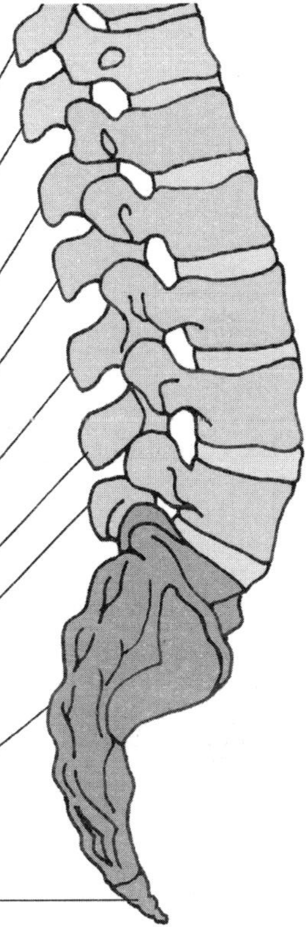

Grafik: Alvina Kreipl, ©Christina Baumann, Bezugsquelle A4-Schautafel: www.ypsilon-shop.de

Meridiane Pferd

Meridian	Testen	Zeichnen
Dickdarm	**Di 1** Vorderer Huf innen	**Di 11** In der Gelenkspalte
Herz	**He 9** Vorderer Huf außen	**He 3** Auf der Brust innen
Dünndarm	**Dü 3** Auf dem Griffelbeinköpfchen	**Dü 8** Innen am Ellbogen
Kreislauf-Sexus	**Pe 8** Brustmuskel in der Spalte	**KS 3** Auf der Sehne
Entzündungspunkte	Auf dem Armgelenk vorne 4 Striche 180 Grad	
Lunge	**Lu 1** Tief in der Mitte der Rinne, die vom schrägen Brustmuskel gebildet wird	
Leber	**Le 3** In einem kleinen Dreieck, gebildet aus dem unteren Rand des Sprunggelenks und der Vena saphena	
Niere	**Ni 3** In der tiefen Grube, gebildet aus dem Gelenk und dem Fersenbein	
Milz/Pankreas	**MP 6** Fünf bis sechs Finger über der Mitte des Sprunggelenks innen	
Magen	**Ma 36** Auf dem dritten Buckel am Knie, oben am Schienbein	
Gallenblase	**Gb 44** Hinterer Huf außen	
Blase	**Bl 67** Hinterer Huf ganz außen	
Dreifacher Erwärmer	**3 E 5** Vorderbein Außenseite, siehe Bild rechts	

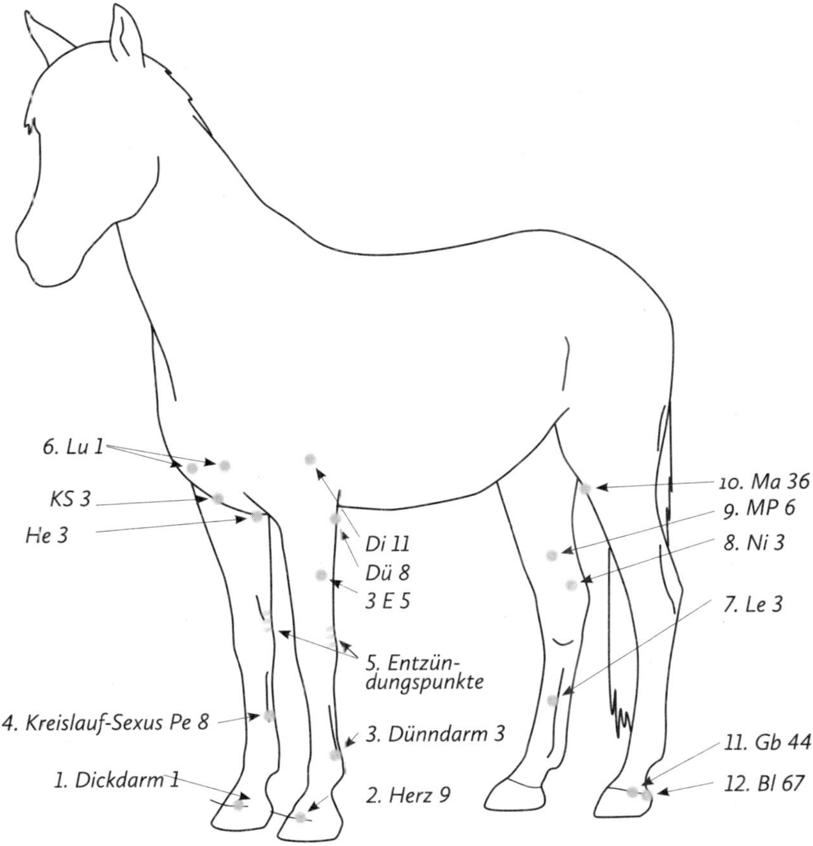

Die Meridiantestpunkte beim Pferd.

Grafik: Heike Brückner, Punkte: Rudolf Fridum © Mankau Verlag GmbH

Meridiane Hund und Katze

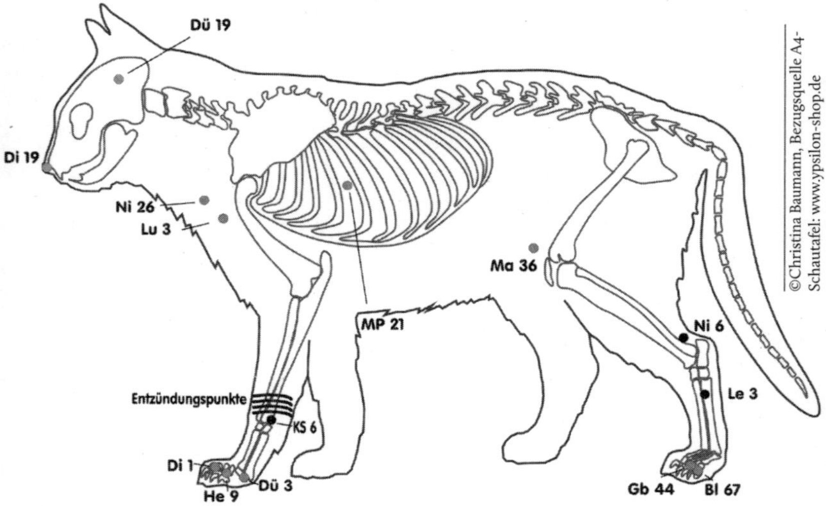

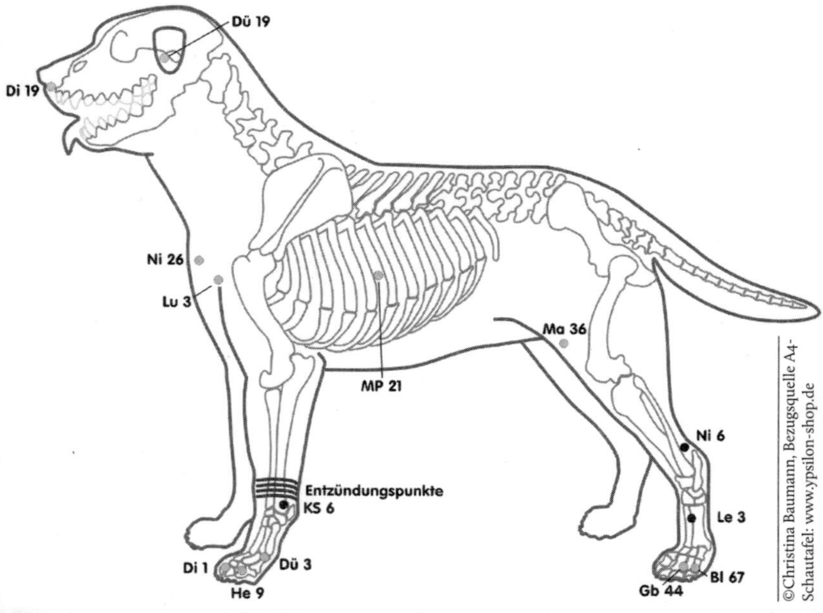

	Akupunkturpunkte	Beschreibung	Messung rechts	Messung links
1.	Dickdarm 1 (Di 1)	An der Innenseite des Krallenbeins der 2. Zehe *Gewebe:* Schleimhäute *Flüssigkeit:* Schleim		
2.	Herz 9 (He 9)	An der inneren Krallenseite der fünften Zehe *Gewebe:* Blutgefäße *Flüssigkeit:* Blut		
3.	Dünndarm 3 (Dü 3)	Äußere Seite des 5. Mittelfußknochens im unteren Bereich *Gewebe:* Blutgefäße *Flüssigkeit:* Schweiß		
4.	Kreislauf/ Sexus 6 (KS 6)	In der Mitte der Innenseite des Unterarms, am Beginn des unteren Viertels *Gewebe:* Blutgefäße *Flüssigkeit:* Blut		
5.	Entzündungspunkte	Von der Innenseite des Vorderbeines innen herum bis zur Gelenkfalte, 1. Strich über Karpalgelenk, 4. Strich unter Gelenk		
6.	Lunge 3 (Lu 3)	Im oberen Drittel des Oberarms am Rande des Bizepsmuskels *Gewebe:* Haut *Flüssigkeit:* Schleim		
7.	Leber 3 (Le 3)	An der Innenseite des inneren Mittelfußknochens am oberen Ende *Gewebe:* Muskeln und Sehnen *Flüssigkeit:* Tränen		
8.	Niere 6 (Ni 6)	In der Vertiefung an der Innenseite des Sprunggelenks *Gewebe:* Knochen und Zähne		

9.	Milz/Pankreas 21 (MP 21)	Im 5. Zwischenrippenraum auf Höhe des Schultergelenks *Gewebe:* Binde- und Fettgewebe *Flüssigkeit:* Bauchspeichel und Lymphe		
10.	Magen 36 (Ma 36)	In Vertiefung am oberen Ende des Unterschenkels *Gewebe:* Binde- und Fettgewebe *Flüssigkeit:* Speichel		
11.	Gallenblase 44 (Gb 44)	Am äußeren Rand des Krallenfalzes der vierten Zehe *Gewebe:* Muskeln und Sehnen *Flüssigkeit:* Tränen		
12.	Blase 67 (Bl 67)	An der äußeren Seite der 5. Zehe *Gewebe:* Knochen und Zähne		
13.	Kreislaufpunkt	Ni 26 links: Seitlich neben Brustbein im 1. Zwischenrippenraum	------	
14.	Toxinpunkt	Di 19 rechts: Seitlich und unterhalb der Nasenflügel		------
15.	Allergiepunkt	Dü 19 rechts: Unterhalb des Ohrenansatzes		------

Gefühlsmandala

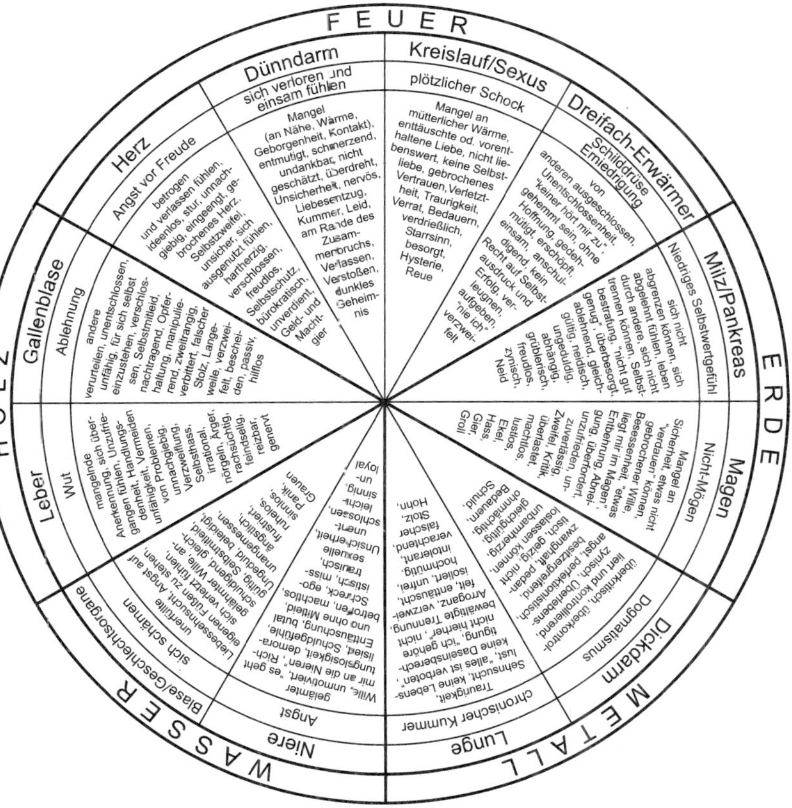

Grafik: Alvina Kreipl, ©Christina Baumann Bezugsquelle A4-Schautafel: www.ypsilon-shop.de

Testliste Bachblüten für Tiere

1 Agrimony
2 Aspen
3 Beech
4 Centaury
5 Cerato
6 Cherry Plum
7 Chestnut Bud
8 Chicory
9 Clematis
10 Crab Apple
11 Elm
12 Gentian
13 Gorse
14 Heather
15 Holly
16 Honeysuckle
17 Hornbeam
18 Impatiens
19 Larch
20 Mimulus
21 Mustard
22 Oak
23 Olive
24 Pine
25 Red Chestnut
26 Rock Rose
27 Rock Water
28 Scleranthus
29 Star of Bethlehem
30 Sweet Chestnut
31 Vervain
32 Vine
33 Walnut
34 Water Violet
35 White Chestnut
36 Wild Oat
37 Wild Rose
38 Willow
39 Rescue Tropfen

Testliste Homöopathische Hausapotheke für Tiere

Globuli in Potenz C 30

Aconitum
Antimonium tartaricum
Apis
Arnika
Arsenicum album
Belladonna
Berberis
Bryonia
Calcium carbonicum
Calcium phosphoricum
Calendula
Cina
Causticum
Chamomilla
Cocculus
Colocynthis
Dulcamara
Ferrum phosphoricum
Gelsemium
Glonoinum
Graphites
Hamamelis
Hepar sulfuris
Hypericum
Ignatia
Ipecacuanha
Lachesis
Ledum
Lycopodium
Mercurius solubilis
Millefolium
Myristica sebifera
Natrium muriaticum
Nux vomica
Opium
Phosphorus
Podophyllum
Pulsatilla
Rhus toxicodendron
Ruta
Sabadilla
Sarsaparilla
Sepia
Silicea
Spigelia anthelmia
Sulphur
Symphytum
Veratrum album

Homöopathie-Testliste bei Roswitha Stark erhältlich.

Aconitum

Schreck, Schock nach Verletzung/Unfall, Symptome treten plötzlich auf, z.B. Erkältungen, nachdem man kaltem, trockenem Wind ausgesetzt war

Antimonium tartaricum

Lungenerkrankungen mit Rasseln in der Brust, geschwächter Zustand und starke Schläfrigkeit während Husten oder Bronchitis

Apis

Rötung und ödematöse Schwellung, Folgen von Bienenstichen oder Insektenstichen mit starker Wassereinlagerung

Arnika

Folgen von stumpfen Verletzungen, Prellungen mit Bluterguss, nach OPs zur Beschleunigung der Heilung, Gehirnerschütterung, Quetschungen

Arsenicum album

Akute Erkrankungen mit großer Ruhelosigkeit, Angst, Kälteempfinden und Durst auf häufige kleine Mengen, Nahrungsmittelvergiftung, Erbrechen und Durchfall, asthmatische Krisen mit Angst, Ruhelosigkeit und Durst

Belladonna

Akute Erkrankungen: plötzlicher Beginn, häufig hohes Fieber, intensive körperliche Symptomatik, Krämpfe, intensive Hitze der betroffenen Körperpartien, abstrahlende Hitze, durstlos, Ohrentzündung mit starken Schmerzen

Berberis

Steinbildung im Harnsystem, Nierenkoliken, Entzündungen, starke Blasenentzündung

Bryonia

Bronchitis, Infektionen der oberen Atemwege, Abneigung gegen Störungen, will allein gelassen werden, Reizbarkeit, schlechter durch jede Art von Bewegung, Durst auf große Mengen; trockener, harter, schmerzhafter Husten; Gelenk- und Rheumamittel

Calcium carbonicum

Überlastete Tiere mit ausgeprägtem Pflichtgefühl, Verletzungsneigung bei Überanstrengung. Wiederholte Mittelohrentzündungen, chronisch verstopfte Nase, Stuhlverstopfung

Calcium phosphoricum

Fördert die Heilung von Knochenbrüchen oder Verstauchungen. Launisches Tier, dem schnell langweilig wird

Calendula

Gutes Wundheilungsmittel! Auch äußerlich als Urtinktur oder Essenz (in Wasser verdünnt) verwenden

Cina

Wurmmittel bei Würmern aller Art, das Tier ist unleidlich

Causticum

Schwäche, Steifheit, Lähmung, Beschwerden nach Kummer, Asthma durch emotionale Überbelastung und unterdrückte Gefühle, rheumatische Beschwerden

Chamomilla

Überempfindlichkeit gegen Schmerzen, zornige Reaktion, Reizbarkeit, Beschwerden während des Zahnens, akute oder chronische Mittelohrentzündung

Cocculus

Reisekrankheit, Übelkeit und Erbrechen bei Seereisen

Colocynthis

Kolikartige Schmerzen, Bauchkrämpfe

Dulcamara

Schleimhäute reagieren auf kaltes Wetter (nachdem es warm war), Ohrenschmerzen, Harndrang bei Verkühlung, Durchfall, Husten, Asthma, Bronchitis bei feuchtem, kaltem Wetter

Ferrum phosphoricum

Fieber ohne lokal bestimmbare oder charakteristische Symptome, frühes Entzündungsstadium (ohne klare Indikation), z.B. Mittelohrentzündung vor der Eiterung

Gelsemium

Beschwerden in Erwartung eines bevorstehenden Ereignisses, Lampenfieber, Zittern, Durchfall infolge von Anstrengung, Schreck oder Erwartung, Beschwerden und Schwäche seit einem grippalen Infekt, Lähmung der Extremitäten

Glonoinum

Sonnenstich und Kopfschmerzen nach Sonneneinwirkung

Graphites

Erkrankungen der Haut und Schleimhäute, Schuppenflechte, Einrisse, Hautausschläge, chronische Absonderungen aus dem Ohr, Nageldeformierungen, Schwielen, ungesunde Haut, jede Verletzung eitert, honigähnliche Absonderungen

Hamamelis

Krampfaderleiden, Verletzungen mit Prellung, Nasenbluten, blaues Auge, Blutungen ins Auge, Hämorrhoiden, Schnittwunden, Risswunden, Quetschungen, Verletzungen durch Sturz, kontrolliert Blutungen, stillt den Schmerz

Hepar sulfuris

Eiterungsmittel, Schwellung und Verhärtung der Drüsen, Ohren extrem empfindlich gegen Wind, vereiterte, geschwollene Tonsillen, Zahnschmerzen, Zahnabszess, Abszesse, die Haut heilt langsam, eitert leicht, ist sehr empfindlich gegen Berührung

Hypericum

Verletzungsmittel, besondere der Nerven und des Rückenmarks, Tetanusprophylaxe. Quetschungen, Stichwunden in nervenreichen Körperpartien: Fingerspitzen, Zunge, Zähne, Augen, Genitalien, Handflächen oder Sohlen, starke Schmerzen durch Nervenreizungen

Ignatia

Beschwerden durch Kummer, nach Liebesentzug, Trennung, leicht verletzbare Gefühle, leicht beleidigt, hysterische Symptome: Tics, Zuckungen, Krämpfe infolge von Kummer

Ipecacuanha

Übelkeit und Erbrechen, Übelkeit wird durch Erbrechen nicht gebessert

Lachesis

Eifersucht, Argwohn, große Empfindlichkeit gegen Berührung an Hals oder Bauch, Unverträglichkeit fest anliegender Bänder an Hals und Taille, kleine Wunden bluten stark, Blut dunkel, Furunkel, Karbunkel, Geschwüre mit dunklem, purpurfarbenem Aussehen; neigen zu bösartigem Verlauf: schlimme Folgen nach Wundinfektion

Ledum

Akutes Mittel bei Bissen, Insektenstichen, Wunden durch eingetretene Nägel u.Ä., Tetanusprophylaxe; Rheumatismus mit Steifheit, Verstauchungen mit starker Prellung und Bluterguss

Lycopodium

Furcht in Menschenansammlungen, niedriges Selbstwertgefühl, das aber durch „Großgetue“ kompensiert wird. Übersehene oder schlecht behandelte Lungenentzündung, Nierenkolik, Halsentzündung, Blähungen, Verdauungsstörungen

Mercurius solubilis

Mittelohrentzündungen akut und chronisch, Furunkel, Eiterbeulen, stinkender Atem, starker Speichelfluss, Zahnfleischentzündungen

Millefolium

Verschiedene Blutungsarten, das Blut ist hellrot, Bluthusten nach Verletzung, nach Abort oder Fehlgeburt

Myristica sebifera

Wirkt antiseptisch, Entzündung der Haut, des Zellgewebes, der Knochenhaut, nach Verletzungen, treibt die Eiterung voran

Natrium muriaticum

Beschwerden durch Kummer und enttäuschte Liebe, stiller Kummer; Depression, leicht gekränkt und verletzt, Schnupfen wie Eiweiß, Erkältungen beginnen mit Niesen, Herpesausschläge, Aphthen im Mund, am Zahnfleisch, Tränen der Augen

Nux vomica

Reizbare, ungeduldige, ehrgeizige Tiere mit starkem innerem Antrieb, Neigung, aus Wut oder Frustration Dinge zu zerstören. Verdauungsstörungen, Koliken, Verstopfung. Folgen von „Überfressen“

Opium

Stupor (Erstarrung), Koma, Pupillen verengt, Atmung langsam, geräuschvoll, behindert, Schnarchen, Atemstillstand im Schlaf, Darmverschluss, postoperativer Darmverschluss mit ausgeprägtem Erbrechen

Phosphorus

Aufgeweckte, erregbare, leicht beeinflussbare, ängstliche Tiere, Schwäche und Kollapszustände, mit nervöser Erschöpfung und Zittern des Körpers, Neigung zu Blutungen, Nasenbluten, hellrotes, flüssiges Blut, jede Erkältung schlägt auf die Brust

Podophyllum

Reichlicher Durchfall, oft mit Gasen, spritzt heraus, „explosiv", Stuhl ist wässrig und reichlich, stinkt manchmal schrecklich

Pulsatilla

Verlangen nach Trost und Nähe, anhängliche Tiere wie „kleine Kinder", chronische Nasenverstopfung, grünliche Absonderungen aus der Nase, Tränenfluss, Ohrenentzündungen

Rhus toxicodendron

Zerren oder Verstauchen eines Körperteils, eines Muskels oder einer Sehne, Folgen von Durchnässung, besonders nach vorhergehender Überhitzung, Lahmheit, Steifheit und Schmerzen bei der ersten Bewegung nach der Ruhe und am Morgen, besser durch Gehen und fortgesetzte Bewegung, große Ruhelosigkeit, kann nicht lange in einer Stellung bleiben

Ruta

Rheumatische Beschwerden und Bindegewebserkrankungen, Verletzungen, auffallend: Steifheit am ganzen Körper, Sehnenverletzungen, Zerrungen oder Verstauchung des Gelenkes, akute Schleimbeutel- und Sehnenentzündung, häufig mit Erguss, Knochenhautverletzungen

Sabadilla

Wurmerkrankungen (Askariden, Bandwürmer u.a.)

Sarsaparilla

Heilmittel für die Harnwege: Blasenentzündung, häufiger Harndrang; Urin tröpfelt beim Sitzen, geht im Stehen ungehindert ab, Steine in Niere oder Blase

Sepia

Schwangerschaftsübelkeit und Schwangerschaftserbrechen, übelriechende Absonderungen aus den Genitalien, Gebärmutterprobleme

Silicea

Schwäche und Erschöpfung, Kollaps, Lymphknoten werden hart und eitern, Entwicklungsverzögerungen der jungen Tiere, Infektionen der Tränengänge, Zahnabszesse, Fisteln und Infektionen des Zahnfleisches, Rückgratverkrümmung, Mängel der Knochenstruktur, Abszessbildung an beliebigen Körperstellen, fördert das Ausstoßen von Fremdkörpern durch die Haut

Spigelia anthelmia

Wurmleiden oft zusammen mit Herz-, Augen- und Gesichtssymptomen

Staphisagria

Beschwerden durch Kummer, als Folge unterdrückter Wut, nach Beleidigung und Demütigung, Gerstenkörner oder Tumore an den Augenlidern, zerbröckelnde Zähne, vorzeitiger Zahnverfall, Blasenentzündungen, mechanische Verletzungen durch scharf schneidende Instrumente, nach chirurgischen Eingriffen

Sulphur

Hautausschläge, gewöhnlich feucht, meist stark juckend, „schmutziges“ Tier, vernachlässigt sich. Verdauungsbeschwerden, Durchfall

Symphytum

Mittel für Verletzungen, hauptsächlich Knochenbrüche, fördert die Knochenheilung, begünstigt die Kallusbildung, Spezifikum bei stumpfen Verletzungen des Auges und der Augenhöhle (Schneeball, Faust), folgt gut nach Arnika, wenn nach einer Verletzung Empfindlichkeit der Knochenhaut bleibt

Veratrum album

Erkrankungen mit rapidem Absinken der Lebenskraft, völlige Entkräftung, Kollaps, kalter Atem, kalte Zunge, Erbrechen und Durchfall gleichzeitig

Testliste Schüßler-Salze

- → Nr. 1
  Calcium fluoratum
- → Nr. 2
  Calcium phosphoricum
- → Nr. 3
  Ferrum phosphoricum
- → Nr. 4
  Kalium chloratum
- → Nr. 5
  Kalium phosphoricum
- → Nr. 6
  Kalium sulfuricum
- → Nr. 7
  Magnesium phosphoricum
- → Nr. 8
  Natrium chloratum
- → Nr. 9
  Natrium phosphoricum
- → Nr. 10
  Natrium sulfuricum
- → Nr. 11
  Silicea
- → Nr. 12
  Calcium sulfuricum
- → Nr. 13
  Kalium arsenicum
- → Nr. 14
  Kalium bromatum
- → Nr. 15
  Kalium jodatum
- → Nr. 16
  Lithium chloratum
- → Nr. 17
  Manganum sulfuricum
- → Nr. 18
  Calcium sulfuratum
- → Nr. 19
  Cuprum arsenicosum
- → Nr. 20
  Kalium aluminium sulfuricum
- → Nr. 21
  Zincum chloratum
- → Nr. 22
  Calcium carbonicum
- → Nr. 23
  Natrium bicarbonicum
- → Nr. 24
  Arsenicum jodatum
- → Nr. 25
  Aurum chloratum natron
- → Nr. 26
  Selenium
- → Nr. 27
  Kalium bichromicum

Skelettsystem und Organcheck Hund

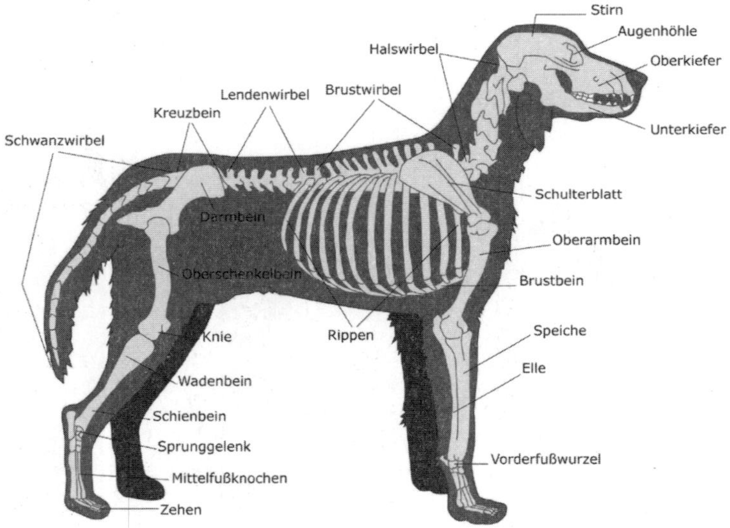

Bewegungsapparat ☐
- Knochen ☐
- Gelenke ☐
- Muskeln ☐
- Sehnen ☐

Atmungsorgane ☐
- Kehlkopf ☐
- Luftröhre ☐
- Zwerchfell ☐
- Lunge ☐
- Bronchien ☐

Zähne ☐

Blutkreislauf ☐
- Herz ☐
- Blutgefäße ☐
- Venen ☐
- Arterien ☐
- Schlagadern ☐
- Milz ☐

Verdauungsorgane ☐
- Maul ☐
- Speiseröhre ☐
- Magen ☐
- Dünndarm ☐
- Dickdarm ☐
- Leber ☐
- Gallenblase ☐
- Bauchspeicheldrüse ☐

Harnapparat ☐
- Nieren ☐
- Harnleiter ☐
- Harnröhre ☐
- Harnblase ☐

Fortpflanzungsorgane ☐

Rüde
- Hoden ☐
- Nebenhoden ☐
- Samenleiter ☐
- Prostata ☐
- Penis ☐

Hündin
- Eierstöcke ☐
- Eileiter ☐
- Gebärmutter ☐
- Scheide ☐

Sinnesorgane ☐
- Tasthaare ☐
- Nase ☐
- Ohren ☐
- Augen ☐
- Zunge ☐

Nervensystem ☐

Lymphsystem ☐

Haut ☐

Haare ☐

Skelettsystem und Organcheck Katze

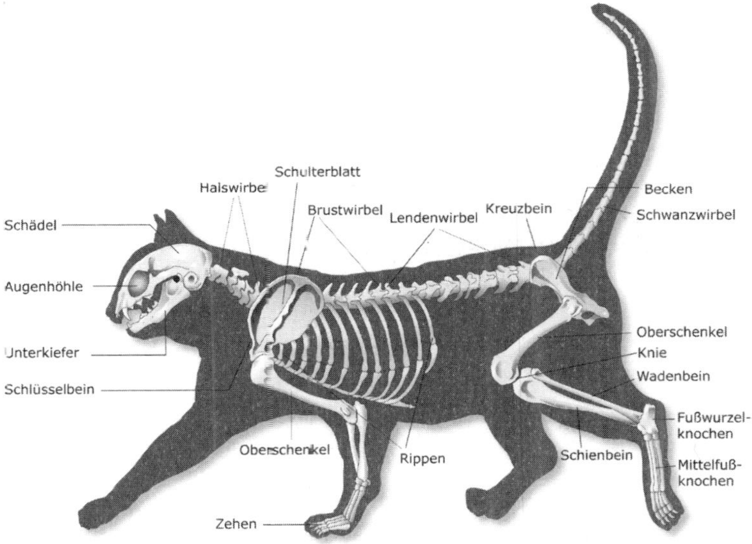

Bewegungsapparat ☐
- Knochen ☐
- Gelenke ☐
- Muskeln ☐
- Sehnen ☐

Atmungsorgane ☐
- Kehlkopf ☐
- Luftröhre ☐
- Zwerchfell ☐
- Lunge ☐
- Bronchien ☐

Zähne ☐

Blutkreislauf ☐
- Herz ☐
- Blutgefäße ☐
- Venen ☐
- Arterien ☐
- Schlagadern ☐
- Milz ☐

Verdauungsorgane ☐
- Maul ☐
- Speiseröhre ☐
- Magen ☐
- Dünndarm ☐
- Dickdarm ☐
- Leber ☐
- Gallenblase ☐
- Bauchspeicheldrüse ☐

Harnapparat ☐
- Nieren ☐
- Harnleiter ☐
- Harnröhre ☐
- Harnblase ☐

Fortpflanzungsorgane ☐

Kater
- Hoden ☐
- Nebenhoden ☐
- Samenleiter ☐
- Prostata ☐
- Penis ☐

Kätzin
- Eierstöcke ☐
- Eileiter ☐
- Gebärmutter ☐
- Scheide ☐

Sinnesorgane ☐
- Tasthaare ☐
- Nase ☐
- Ohren ☐
- Augen ☐
- Zunge ☐

Nervensystem ☐

Lymphsystem ☐

Haut ☐

Haare ☐

Skelettsystem und Organcheck Pferd

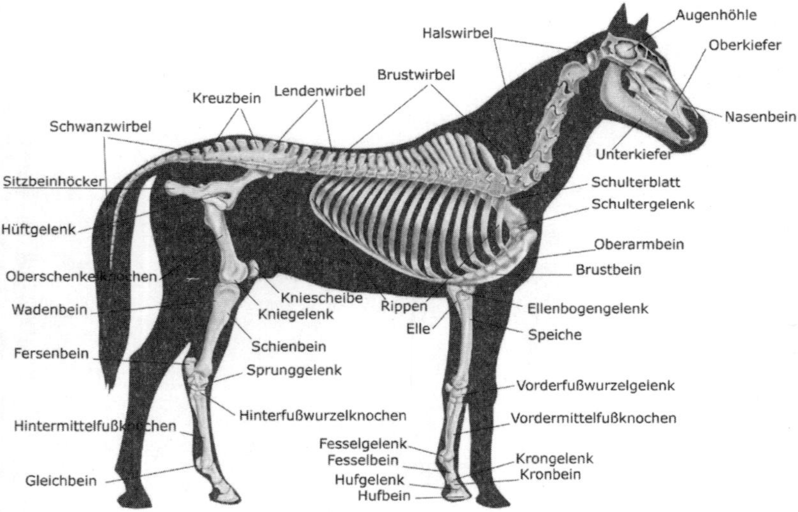

Bewegungsapparat
- Knochen
- Gelenke
- Muskeln
- Sehnen
- Hufe

Atmungsorgane
- Nüstern (Nasenlöcher)
- Nasengang
- Nasenhöhlen
- Kehlkopf
- Luftröhre
- Zwerchfell
- Lunge
- Bronchien

Blutkreislauf
- Herz
- Blutgefäße
- Venen
- Arterien
- Schlagadern
- Milz

Verdauungsorgane
- Maul
- Speiseröhre
- Magen
- Dünndarm
- Dickdarm
- Leber
- Bauchspeicheldrüse

Harnapparat
- Nieren
- Harnleiter
- Harnröhre
- Harnblase

Fortpflanzungsorgane

Hengst
- Hoden
- Nebenhoden
- Nebengeschlechtsdrüsen
- Samenleiter
- Penis

Stute
- Eierstöcke
- Eileiter
- Gebärmutter
- Scheide

Sinnesorgane
- Nase
- Ohren
- Augen
- Zunge

Nervensystem

Lymphsystem

Haut

Haare

Zähne

Skelettsystem und Organcheck Vogel

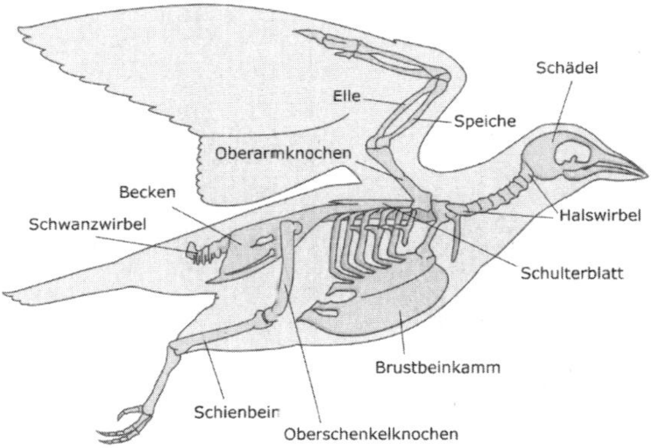

Luftröhre	☐	**Herz**	☐	**Geschlechtsorgane**	☐
Lunge	☐	**Leber**	☐	**Kloake**	☐
Schlund	☐	**Niere**	☐	**Darm**	☐
Kropf	☐	**Magen**	☐		

Aura-Schichten Hund

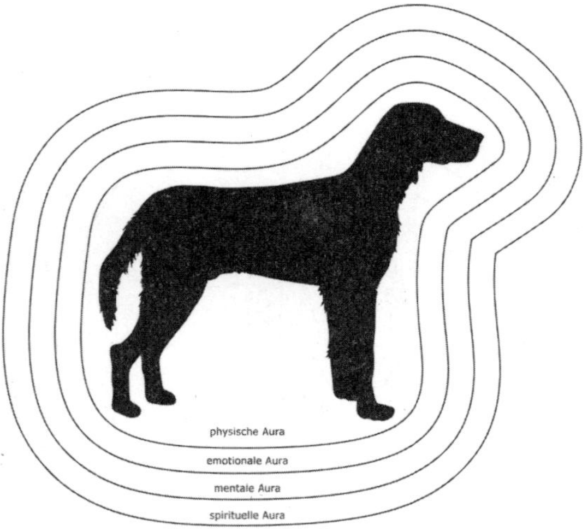

Aura-Schichten Katze

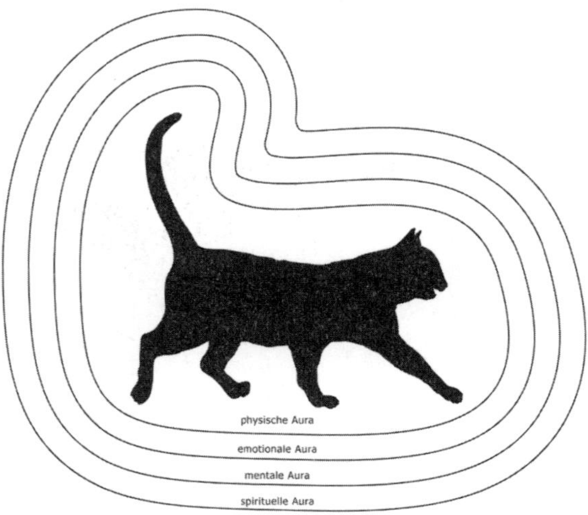

Aura-Schichten Kaninchen

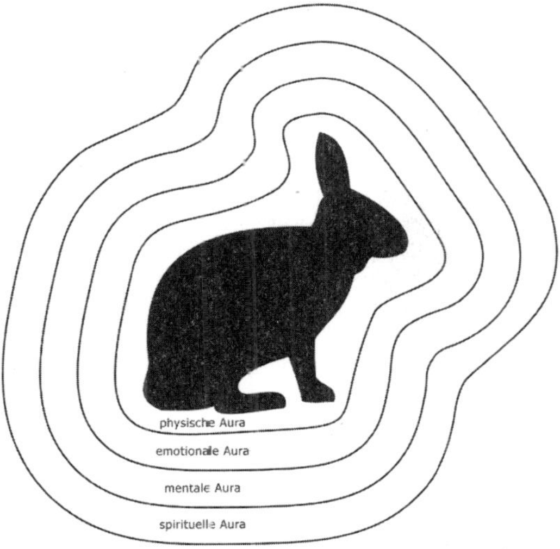

Aura-Schichten Vogel

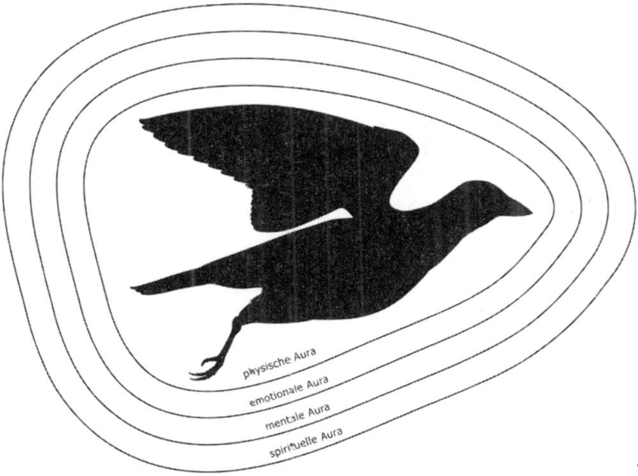

Chakren Katze

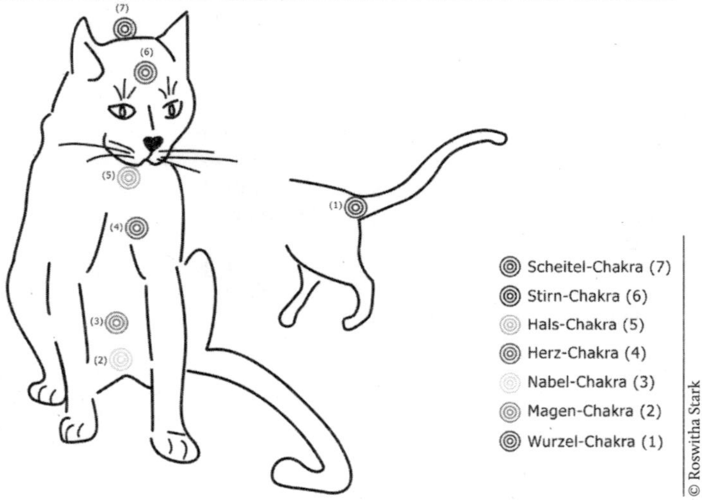

Chakren Hund

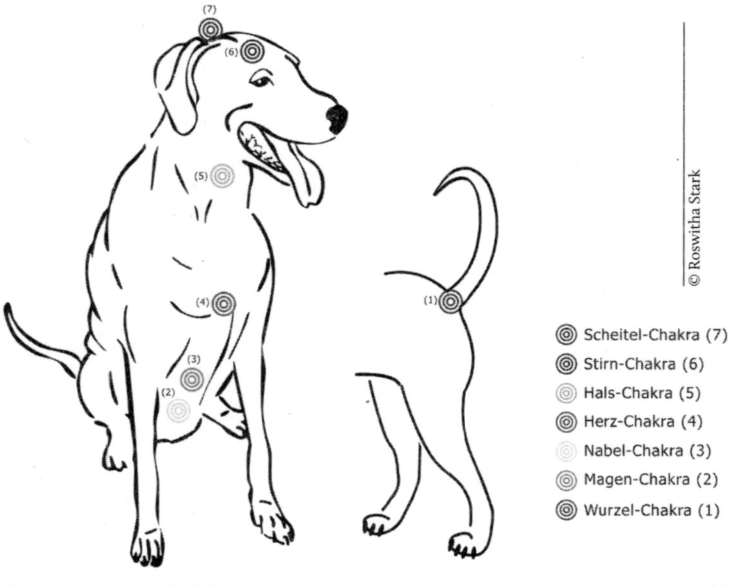

Stichwortregister